1 MONTH OF FREE READING

at

www.ForgottenBooks.com

By purchasing this book you are eligible for one month membership to ForgottenBooks.com, giving you unlimited access to our entire collection of over 1,000,000 titles via our web site and mobile apps.

To claim your free month visit: www.forgottenbooks.com/free574427

* Offer is valid for 45 days from date of purchase. Terms and conditions apply.

ISBN 978-0-666-16863-4
PIBN 10574427

This book is a reproduction of an important historical work. Forgotten Books uses state-of-the-art technology to digitally reconstruct the work, preserving the original format whilst repairing imperfections present in the aged copy. In rare cases, an imperfection in the original, such as a blemish or missing page, may be replicated in our edition. We do, however, repair the vast majority of imperfections successfully; any imperfections that remain are intentionally left to preserve the state of such historical works.

Forgotten Books is a registered trademark of FB &c Ltd.
Copyright © 2018 FB &c Ltd.
FB &c Ltd, Dalton House, 60 Windsor Avenue, London, SW19 2RR.
Company number 08720141. Registered in England and Wales.

For support please visit www.forgottenbooks.com

ÉTUDE SUR LES OISEAUX

———

ARCHITECTURE DES NIDS

ÉTUDE SUR LES OISEAUX

ARCHITECTURE DES NIDS

PAR M. F. LESCUYER

Membre titulaire de l'Institut des provinces de France
et de la Société protectrice des animaux, de Paris
Membre correspondant
de l'Académie nationale de Reims
de la Société d'agriculture, commerce, sciences et arts de la Marne
de la Société des sciences et arts de Vitry-le-François
de la Société académique d'agriculture, des sciences, arts et belles-lettres
de l'Aube
de la Société des lettres, sciences et arts de Bar-le-Duc
de la Société linnéenne de Maine-et-Loire
de la Société linnéenne de Bordeaux

Ouvrage couronné par la Société d'Agriculture de France

DANS SA SÉANCE PUBLIQUE ANNUELLE DU 27 JUIN 1875

MÉDAILLE D'ARGENT

PARIS

J.-B. BAILLIÈRE ET FILS	Victor PALMÉ
LIBRAIRES ÉDITEURS	LIBRAIRE-ÉDITEUR
rue Hautefeuille, 19	rue de Grenelle-St-Germain, 25

SAINT-DIZIER

FIRMIN MARCHAND, LIBRAIRE-ÉDITEUR

1875

TOUS DROITS RÉSERVÉS

ERRATA

Page 34, en tête de la première colonne, au lieu de *mois*, lisez *jour* où les pontes sont le plus abondantes.

Page 34, en tête de la deuxième colonne et de la troisième,

Au lieu de :		Lisez :	
		PREMIÈRE PONTE	
Date de la 1re ponte.	Date de la 2e ponte.	Date du 1er œuf de la 1re ponte	Date du 1er œuf de la dernière des 1res pontes.

Page 44, ligne 16, au lieu de 281 207, lisez 301 187.
—   — 17,   —   490 107 597, lisez 472 97 569.
— 73, — 28, — *variété*, lisez *rareté*.
— 79, — 26, — *18 mai*, lisez *18 avril*.
— 80, — 24, — *entre eux*, lisez *entre elles*.
—   — 34, — *22 mai*, lisez *22 avril*.
— 85, — 31, — *enfoncement*, lisez *enfourchement*.
— 113, — 7, — *sur cette paroi*, lisez *contre cette paroi*.
— 151, dernière colonne, au lieu de *5 mai*, lisez *18 mai*.
— 156, ligne 26, au lieu de *n'es*, lisez *n'est*.
— 157, — 13, — *plus gros*, lisez *moins gros*.

AVIS DE L'ÉDITEUR

Le jour où ce livre a été couronné par la Société centrale d'agriculture de France, M. Lescuyer a appris que trois ouvrages traitant des nids, avaient été publiés, l'un en Italie, un autre en Allemagne et le troisième en Angleterre, mais qu'ils n'avaient pas été traduits en français. Comme beaucoup d'ornithologistes, il en ignorait l'existence. Il ne s'est donc nullement inspiré des doctrines qu'ils contiennent. Toutefois des publications d'ornithologie faites dans des langues différentes, ne sont jamais que des traductions plus ou moins exactes du grand livre de la nature. Les auteurs, sans se copier, peuvent et doivent ainsi être en communauté d'idées sur beaucoup de points.

Nous qui habitons Saint-Dizier et qui connaissons particulièrement M. Lescuyer, nous pouvons déclarer, qu'à vrai dire ce livre a été composé dans les plaines, sur les eaux, dans les forêts, c'est-à-dire au milieu des oiseaux et de leurs nids. Chercheur passionné de la vérité, l'auteur ne s'est laissé arrêter dans ses explorations, ni par la fatigue, ni par des sacrifices et des dangers de toute sorte. C'est ainsi qu'il est arrivé à faire d'innombrables et consciencieuses observations, à en déduire les théories qu'il a exposées et en particulier celle si remarquable des éliminations végétales et animales.

Si donc, en matière de nids, son ouvrage n'est pas, comme il le pensait, l'unique ou le premier, il est au moins d'une complète originalité, et c'est là que je voulais en venir; il sera certainement un nouvel et impartial hommage rendu aux vérités qui ont pu être déjà exposées par des auteurs étrangers.

J'espère, du reste, que cette publication, qui, dès son apparition, a été l'objet d'encouragements si flatteurs pour l'auteur, rendra de véritables services à la science, à la société et surtout à l'agriculture et que, pour ces raisons, elle aura de nombreux lecteurs.

Pour rendre plus sensibles ses descriptions et faciliter la propagande de ses démonstrations, M. Lescuyer a réuni, en neuf groupes, les types les plus caractéristiques des nids, des œufs et des oiseaux de sa collection (1), et il en a confié la reproduction à M. Jacob, photographe, à Chaumont et à Saint-Dizier, à la condition que ses photographies soient très-soignées et vendues à bon marché (2).

Firmin MARCHAND, éditeur.

---

(1) Les oiseaux ont été montés par Petit, naturaliste préparateur, à Paris, avenue d'Orléans, n° 35.

(2) Elles se trouvent chez les éditeurs aux prix mentionnés sur la couverture.

SOCIÉTÉ CENTRALE D'AGRICULTURE

DE FRANCE

La Société centrale d'Agriculture de France, ayant accueilli cet ouvrage, l'a envoyé à l'examen de sa section des sciences naturelles, composée de MM. Brongnard, de Quatrefages, Blanchard, Daubrée, tous membres de l'Institut et de M. Milne Edwards, membre de l'Institut, doyen de la faculté des sciences, administrateur et professeur de zoologie au muséum d'histoire naturelle.

Conformément aux conclusions d'un rapport fait au nom de cette section, par M. Milne Edwards, une médaille d'argent a été accordée à M. Lescuyer. Elle lui a été remise par M. de Meaux, ministre de l'agricultupe et du commerce, dans la séance publique annuelle du 27 juin 1875.

EXTRAIT DU RAPPORT DE M. MILNE EDWARDS.

« M. Lescuyer passe la plus grande partie de sa vie à la cam-
« pagne, le spectacle de la nature lui inspire un vif intérêt, et il a
« compris de bonne heure que la connaissance des harmonies natu-
« relles est utile au cultivateur, non moins qu'au philosophe. Il a
« compris également, que pour acquérir à ce sujet, des idées justes,
« il fallait, tout d'abord, noter avec soin les faits particuliers, les
« comparer entre eux, en peser la valeur et en chercher la signifi-
« cation ; fournir ainsi aux raisonnements des bases solides et ap-
« profondir certaines investigations bien circonscrites, plutôt que
« de s'occuper de généralisations. M. Lescuyer a été conduit, de la
« sorte, à étudier avec persévérance les mœurs des oiseaux qui
« habitent le pays où il demeure, et, comme il ne perdait jamais de
« vue les intérêts du cultivateur, il a dirigé principalement son
« attention sur les circonstances qui favorisent ou qui restreignent
« la multiplication de la population ornithologique dont le concours
« nous est utile contre l'envahissement des insectes nuisibles à
« l'agriculture. Il s'est appliqué à bien connaître les caractères du
« nid de chacun des oiseaux qui habitent la région où il se trouve,
« et dans cette vue, il a formé une collection très-nombreuse de ces
« constructions légères, variées et parfois élégantes. Au moyen de
« la photographie, il en a reproduit les principales formes, et il a
« cherché à les classer méthodiquement non d'après les espèces
« ornithologiques auxquelles ils appartiennent, mais d'après leur
« mode de constitution.

« M. Lescuyer s'est appliqué aussi à déterminer avec précision
« les époques de ponte des oiseaux qui habitent la vallée de la
« Marne. Pour chaque espèce il a noté les dates de la première et
« de la deuxième ponte, ainsi que la date de la ponte intermé-
« diaire lorsqu'il y en a trois, et il a disposé ces indicateurs en
« tableau par ordre chronologique.

« Nous ajouterons que M. Lescuyer a observé un grand nombre
« d'autres faits intéressants, relatifs aux mœurs de plusieurs espè-
« ces et aux relations qui existent entre les variations que l'on y
« remarque et les conditions biologiques dans lesquelles les indi

« vidus se trouvent. Enfin l'auteur s'occupe de l'utilité agricole de
« ces animaux et des mesures législatives ou autres qui lui parais-
« sent nécessaires pour favoriser la multiplication des oiseaux in-
« sectivores. Nous ne croyons pas devoir entrer ici dans l'examen
« détaillé de ces questions, qui ne sont guère susceptibles d'ana-
« lyse, et nous nous bornerons à dire que sur un grand nombre
« de points nous partageons les opinions de M. Lescuyer. »

LETTRE DE M. GODRON,

DOYEN HONORAIRE DE LA FACULTÉ DES SCIENCES DE NANCY.

Nancy, le 30 juin 1875.

Mon cher Monsieur,

C'est avec une satisfaction bien vive que j'ai lu les travaux que vous avez publiés jusqu'ici sur les oiseaux. Les observations personnelles, si nombreuses et si variées que vous avez faites avec autant de patience que de sagacité sur ces intéressants volatiles, sur leurs mœurs, leurs habitudes, et spécialement sur le rôle providentiel qu'ils remplissent, vous ont conduit à établir la théorie de l'*élimination* judicieusement déduite des faits que vous avez constatés.

Votre nouvelle étude sur les nids des oiseaux, dont vous avez bien voulu me communiquer le manuscrit, n'est pas moins digne d'attention. Vous avez décrit avec un soin minutieux les diverses espèces des nids de la région que vous habitez et dont vous possédez la collection complète ; en observant les oiseaux à l'œuvre vous avez pu surprendre leurs procédés de construction. Aucun nid n'a échappé à vos investigations, pas plus celui de la pie, perché jusqu'au sommet des arbres les plus élevés et protégé, comme une véritable citadelle, par des rameaux épineux contre les rapaces, que le nid plus humble du troglodyte, caché dans la mousse et dissimulé avec un art admirable.

Aussi vous nous avez initiés à beaucoup de faits intéressants, les uns complétement nouveaux, d'autres jusqu'ici imparfaitement observés, vous avez exposé clairement des doctrines vraies et, j'aime à le croire, vous venez d'élever à la science un monument aussi durable qu'original.

Veuillez, cher Monsieur, agréer l'assurance de mes sentiments les plus dévoués.

GODRON.

ÉVÊCHÉ

de

CHALONS-SUR-MARNE

Châlons, le 1er juillet 1875.

Monsieur,

J'ai lu avec le plus grand plaisir votre *Etude sur l'architecture des nids*. Ce travail, qui a pour base vos observations personnelles, est l'analyse patiente de tous les procédés, de toutes les industries, de toutes les précautions de l'oiseau constructeur. Je n'ai rencontré nulle part une exposition aussi complète de l'art de ce charmant architecte et de ses œuvres.

Des naturalistes plus autorisés diront mieux que moi le mérite d'un livre si original qui enrichit l'ornithologie de faits nouveaux ramenés à des principes lumineux et incontestables, d'une admirable simplicité. Mais je tiens à louer ce qu'il y a de religieux et de sérieusement philosophique dans votre livre à la fois si gracieux et si technique.

Tandis que le matérialiste et le panthéiste veulent systématiquement tout ramener à une sorte de Dieu-nature, inconscient, fatal, qui n'explique rien, et serait le plus grand des mystères s'il n'était pas une absurde conception, vous, Monsieur, vous montrez dans l'oiseau l'ouvrier du Dieu créateur et providence, ouvrier qui, dès le premier jour, a construit le nid dans une perfection telle, qu'elle ne permet ni progrès, ni changement. « La demeure des hommes », dites-vous, « a varié suivant les siècles, les besoins et les fantaisies : le berceau de l'oiseau a atteint du premier coup sa perfection relative ».

Je souhaite vivement que votre livre se répande et par les principes religieux qu'il professe, et par les progrès qu'il est appelé à réaliser dans la science et par les conseils qu'il donne au profit de l'utilité publique.

Agréez, Monsieur, l'assurance de mes sincères félicitations.

† GUILLAUME, *évêque de Châlons*.

ÉVÊCHÉ DE LANGRES

(HAUTE-MARNE).

Saint-Dizier, le 11 août 1875.

Monsieur,

Vos études sur les nids des oiseaux sont pleines de charmes et d'intérêt ; elles sont le résultat d'observations aussi intelligentes que soutenues, et si les savants ont su les apprécier, tous ceux qui vous liront vous sauront gré d'avoir mis en lumière des merveilles qui échappent à bien des esprits distraits.

Vous ne vous contentez pas de montrer la beauté si variée et l'architecture si savante des nids d'oiseaux ; vous rattachez souvent à vos descriptions des renseignements précieux, de hautes considérations, et ceux dont vous n'aviez voulu faire, ce semble, que des architectes, deviennent des êtres aussi utiles que charmants, parfois des moralistes dont la tendresse et la prévoyance donnent les plus sages leçons.

La lecture de votre livre, intéressante pour tous, sera surtout profitable aux agriculteurs : on trouve des pages qui désarmeraient les dénicheurs les plus barbares, et l'ensemble contribuera à faire bénir cette admirable Providence qui a voulu que les airs, comme la terre et l'eau, aient des habitants pour publier sa gloire.

Agréez, Monsieur, l'assurance de mes sentiments aussi respectueux que dévoués.

† JEAN, évêque de Langres.

A MES ENFANTS

INTRODUCTION.

Des milliards de créatures humaines n'auraient pu, depuis la création, vivre et se renouveler sur la terre sans une continuelle et très-abondante reproduction des végétaux ; aussi les forces reproductives de la végétation sont-elles d'une puissance merveilleuse.

Néanmoins tout le bien que l'homme peut en attendre n'est assuré qu'autant qu'elles sont modifiées et équilibrées par d'autres forces, dont nous avons parlé dans une étude précédente (1) et que nous avons appelées forces de l'*élimination*.

« L'élimination est une destruction partielle
« et prématurée des êtres. Par ces deux carac-
« tères, elle diffère de la consommation, qui est
« une destruction plus générale, se caractérisant
« par la fenaison, la moisson, la cueillette des
« fruits, la vendange, la coupe des bois, la pê-
« che, la chasse et la mort naturelle qui arrive
« quand les êtres ont atteint le maximum de la
« vie. Elle fait disparaître dans une sage mesure
« les végétaux et les animaux qui languissent
« ou surabondent dans un lieu quelconque, afin
« de favoriser par un certain déplacement de
« force de la production, le complet développe-
« ment des êtres qu'elle y laisse, de convertir
« immédiatement en produits nouveaux ceux

---

(1) *Les oiseaux dans les harmonies de la nature*, Palmé, rue de Grenelle-Saint-Germain, 25, Paris.

« qu'elle détruit et d'apporter ainsi de nouvelles
« ressources à la consommation des hommes.

« Les agents de cette élimination proprement
« dite, secondés par d'autres agents auxiliaires,
« pratiquent encore un genre de destruction qui
« peut être utile ou nécessaire à la salubrité de
« l'air et de l'eau, au renouvellement sur un
« même point des végétaux et des animaux, des-
« truction qui d'ailleurs aussi est une consé-
« quence du principe de vie d'après lequel
« beaucoup de choses à notre usage, comme le
« bois, ne doivent pas, par une trop longue
« durée, nous dispenser d'une certaine somme
« de travail et de peine ; alors l'élimination con-
« siste à accélérer plus ou moins, selon les cir-
« constances, la décomposition et la réduction
« en poussière des corps organiques qui sont
« frappés de mort.

« Dans son sens le plus large, l'élimination
« comprend donc divers genres d'opérations.

« Elle a pour moyen la destruction, mais son
« but principal est l'accroissement des ressour-
« ces dont l'homme a besoin pour supporter les
« épreuves de la vie. Elle apparaît partout où les
« forces de la vie végétale ou animale se mon-
« trent en excès ou en décomposition, quand les
« uns se développent trop, les autres trop peu et
« qu'elles ont besoin d'être partiellement dé-
« placées, augmentées ou diminuées.

« Dans toutes ces circonstances elle apparaît
« comme secondaire par rapport à la produc-
« tion, mais elle est à cette force principale ce
« que le frein et l'aiguillon sont pour l'animal

« de trait, ce que sont le frein, le volant et le
« régulateur par rapport au moteur d'une ma-
« chine.

« Ses moyens d'action sont tels que les bien-
« faits que nous devons attendre d'elle nous
« sont assurés quand nous n'y mettons pas
« d'obstacles.

« Nous avons vu que l'élimination naturelle
« est très-variée ; ainsi, tantôt par le froid, l'hu-
« midité et le vent, elle opère de véritables
« razzias, mais seulement dans telle ou telle
« contrée, telle ou telle région, et par intermit-
« tence ; tantôt, quand les végétaux sont trop
« rapprochés, elle fait succomber les plus faibles
« sous l'action des plus vigoureux. Le plus sou-
« vent elle se porte d'un point à un autre pour
« produire en détail et d'une manière avanta-
« geuse tous ses efforts.

« Les insectes et les oiseaux qui sont chargés
« de ce dernier travail et de répartir l'élimination
« sur tous les points où elle devient particulière-
« ment nécessaire, sont conformés et outillés de
« manière à attaquer, dans certains pays ou
« certaines parties de territoire, tels ou tels
« êtres, telles ou telles parties de ces êtres pour
« les détruire et les transformer immédiatement.

« C'est pour accomplir la partie la plus dif-
« ficile et la plus importante de cette tâche, que
« les oiseaux ont le privilége de faire des dépla-
« cements très-multipliés, très-rapides et très-
« éloignés, malgré tous les obstacles.

Nous croyons avoir ensuite démontré qu'il
existe toujours une parfaite concordance entre

les forces de la production et les forces de l'élimination, et que la puissance de la seconde se proportionne à la puissance de la première, de manière à pouvoir, selon les circonstances, la modérer ou l'activer.

Il est surtout à remarquer que les éliminateurs de l'ordre des animaux se reproduisent de telle sorte, qu'ils assurent cet équilibre entre la production et l'élimination.

Les questions qui se rattachent à ces matières ont donc une très-grande importance, et il est particulièrement intéressant de rechercher et d'exposer quelques principes essentiels touchant la reproduction des oiseaux.

ARCHITECTURE DES NIDS

I.

De l'œuf et du nid. — De leur raison d'être.

On sait que la vie animale n'est possible qu'au moyen d'une chaleur corporelle variable selon les espèces (1).

---

(1) On peut en juger d'après quelques exemples donnés par John Davy.

	Température du corps en degrés centig.
Canard commun	43
Grive	42,8
Chien	39
Chat commun	38,3
Ecureuil	38,3
Tortue	28,9
Serpent	31,4
Requin	25
Truite commune	14,4
Limaçon	24,6
Ecrevisse	26,1
Guêpe	24,4
Grillon	22,5

Si un animal ne peut vivre sans une certaine chaleur corporelle, à plus forte raison, il ne peut naître, se former et se développer que dans des conditions de température à peu près égales à celle de ses parents.

Aussi est-ce une règle sans exception, que le premier germe d'un animal se produit dans le corps d'un être de son espèce. Il naît dans un œuf. L'œuf a la forme arrondie des corps qui en pénètrent d'autres, et doivent s'y mouvoir. Cette forme est celle d'une circonférence un peu allongée, si bien caractérisée par les variétés d'œufs, qu'on l'a appelée ovalaire, du nom de l'œuf (1).

Les insectes, les crustacés, les mollusques, les poissons, les amphibiens, ayant une température corporelle plus basse que les mammifères et les oiseaux, ont pu placer leurs œufs sur la terre nue et dans l'eau. Au dedans et au dehors de ces œufs les petits atteignent leur premier développement sous l'influence de la chaleur atmosphérique, à la façon des végétaux.

Chez les mammifères dont la température se rapproche beaucoup de la chaleur humaine, à en juger par les exemples cités, le premier germe devait se développer dans le corps de la mère, et non à la température trop froide de l'air et de l'eau (2).

Pourquoi n'en est-il pas de même chez l'oiseau,

(1) Le mot œuf vient du latin *ovum* et du grec ᾠόν, forme primitive du mot *óFion*. *OFion* vient lui-même du sanscrit *avyam*, dérivé d'*avi*, oiseau, équivalent pour le sens à *ornitheion*, oiseau en germe.

(2) On trouve, il me semble, dans l'ordre des reptiles, une remarquable application de ces principes.

Les couleuvres, qui habitent les contrées du nord, font des œufs qu'elles placent en terre, dans des trous secs, dans des buttes, quelquefois derrière les fours et dans les fumiers.

Au contraire, la vipère, qui doit opérer ses éliminations dans un climat plus chaud, a besoin de chaleur pour elle, et surtout pour ses petits, aussi elle est ovovivipare.

Les ménageries ambulantes, qui stationnent en hiver dans nos dont la chaleur corporelle est plus élevée que celle de toutes les autres espèces d'animaux ? On saisit aisément la raison pour laquelle le principe de la reproduction des mammifères devait être ici modifié dans ses applications.

Supposons, en effet, une perdrix obligée de loger dans son corps les vingt petits d'une couvée ; une perdrix, du poids de trois cent trente grammes, a quatre cent soixante-dix centimètres cubes. Vingt petits, au sortir de la coquille, forment un cube de trois cent quarante centimètres et pèsent au minimum deux cent trente-cinq grammes.

Une hirondelle rustique, du poids de vingt grammes, a un cube de vingt centimètres ; ses cinq jeunes présentent, au sortir de la coquille, un cube de quinze centimètres, et ont au minimum un poids de neuf grammes cinquante centigrammes.

Le chasseur sait avec quelle vitesse la perdrix le fuit, quand il l'épouvante ou quand elle est poursuivie par un oiseau de proie.

L'hirondelle rustique fait généralement deux milles mètres à la minute. Elle peut plus que doubler cette vitesse. Une mère prise au nid, et lâchée à huit mille huit cent quatre-vingt-deux mètres, l'a regagné en deux minutes.

Un roitelet est sans cesse en mouvement depuis la pointe du jour jusqu'à la nuit. L'autruche échappe à l'Arabe monté sur son cheval.

Tous ces faits qui prouvent la nécessité de la ponte, sont d'ailleurs bien en rapport avec ce que nous avons dit de l'oiseau, de son rôle de régulateur dans les forces de l'élimination, des déplacements conti-

---

villes du nord-est, ne conservent alors leurs reptiles des pays chauds, qu'en les enveloppant de couvertures de laine et en les plaçant dans des boîtes chauffées et ayant toujours de vingt à vingt-cinq degrés. Même dans ces conditions, ces reptiles ne se reproduisent pas.

nuels, rapides et souvent très-longs qu'il est obligé de faire dans les airs à tire d'ailes et en franchissant les obstacles pour suffire à sa tâche. Mais, d'autre part, les oisillons, ayant besoin pour leur premier développement d'une très-grande chaleur, ne pouvaient naître à la température ordinaire de notre atmosphère.

De là la combinaison : 1° des œufs pondus successivement à un jour et quelquefois à plusieurs jours d'intervalle (1), contenant sous une mince enveloppe de calcaire le germe de l'oiseau et la nourriture dont il a besoin pendant qu'il y séjourne, et trouvant au contact de l'abdomen, de la poitrine et des plumes de la mère, une température de quarante et quelques degrés ; 2° des petits réchauffés de la même façon jusqu'à ce qu'ils atteignent leur principal développement ; 3° et du nid au moyen duquel et dans lequel se produisent ces diverses évolutions.

A cette règle générale, il y a quelques exceptions, qui du reste ne font que la confirmer.

L'autruche ne couve pas son œuf, mais elle le dépose dans le sable échauffé de la région des tropiques ; et dans les parties moins chaudes elle le couve. Il en a été ainsi dans les essais de reproduction en captivité faits à Marseille.

D'après M. Gould, le talegalle de la Nouvelle-Hol-

---

(1) Des faits qu'à ce sujet j'ai constatés, il en est un qu'il est bon de signaler aux ornithologistes :

Le 3 mars 1869, j'ai trouvé sur un vieux nid de buse :

1° Cinq moyens-ducs pesant, le 1er...... 250 grammes.
         2e....... 235 —
         3e....... 160 —
         4e....... 130 —
         5e....... 100 —

2° Et trois œufs dont deux ont donné naissance à un sixième petit le 12 mars, et un septième le 14. Le troisième était infécond.

Je m'étais proposé de continuer mes observations, mais, le 1er avril, j'ai trouvé le nid enlevé.

lande placerait ses œufs dans un amas de feuilles vertes, de manière à assurer l'éclosion des petits au moyen de la chaleur du soleil et de la fermentation (1).

Les oiseaux de proie, les palmipèdes et beaucoup d'échassiers ne font pas de nids chauds, parce que leurs petits naissent emplumés. Le héron ne se préoccupe guère que de la solidité du sien, parce que ses petits naissent robustes.

De ces considérations il résulte évidemment que le nid et l'œuf doivent être étudiés, quand on veut apprécier la puissance reproductive de l'oiseau et son rôle dans le mécanisme des forces de ce monde. De cette étude on peut d'ailleurs tirer d'autres enseignements aussi utiles que variés.

II.

Etablissement du nid au centre des éliminations à réaliser, sur la terre, sur l'eau, sur les plantes, sur les arbres et sur les constructions qui s'élèvent au-dessus du sol. — Superpositions d'étages nombreux et variés.

L'oiseau devait, pour l'élevage de ses petits, choisir, autant que possible, un lieu abondamment pourvu

---

(1) Cet oiseau aurait un mode de nidification des plus singuliers, selon M. Gould. Il réunirait sur le sol une grande quantité de branches vertes avec leurs feuilles, de manière à en former un monceau de cinq à six pieds de haut, et même plus, auquel il donne une forme conique. C'est dans un petit enfoncement, étroit et assez profond, du sommet de ce cône, que la femelle pond deux ou trois œufs, qu'elle a soin de relever, avec son bec, et de placer perpendiculairement, les uns près des autres, de façon à ce que l'un des deux bouts soit en haut et l'autre en bas ; ensuite elle laisse au soleil et à la chaleur produite par la fermentation de cette masse de végétaux, le soin d'échauffer et de faire éclore sa nichée. (*Dictionnaire universel d'histoire naturelle,* par d'Orbigny, au mot Talegalle.)

des végétaux ou des animaux, qui conviennent le mieux à sa nourriture.

L'oiseau est essentiellement éliminateur ; et en se portant là où il y a surabondance d'êtres à éliminer, il ne sert pas moins les intérêts des hommes que les siens propres.

C'est, en général, la femelle qui fait cette élection de domicile.

Pour rendre moins pénibles les allées et les venues, que nécessitent le ramassage, la cueillette, la chasse ou la pêche, il s'établit au centre des opérations qu'il prévoit (1).

Plusieurs couples d'une même espèce ont donc intérêt à éloigner leurs nids les uns des autres. Cependant, si sur un seul point ils trouvent l'abondance, ou si, en raison de leur puissance de locomotion, ils peuvent facilement se porter au loin et s'y pourvoir largement, alors ils rapprochent leurs nids, quelquefois même ils les groupent comme nous groupons les exploitations agricoles, qui forment les villages.

Il s'ensuit que des oiseaux d'espèces différentes, et n'exerçant pas la même industrie, peuvent également se fixer et se fixent sur un même point.

Les groupements de nids offrent tous les avantages du voisinage ; aussi, quand un danger menace, il y a toujours quelques oiseaux assez vigilants pour donner l'alarme et faire décider à temps la résistance ou la fuite. Le plus souvent tous les habitants d'une colonie se mettent à crier et à voltiger de manière à effrayer et à éloigner l'ennemi commun.

L'abondance ou la pénurie de la nourriture, la puissance ou la faiblesse de la locomotion, et surtout du vol, sont donc les principales causes de l'établisse-

---

(1) Les insectes ne sont pas, comme les oiseaux, chargés de nourrir leurs petits ; mais un merveilleux instinct les pousse à déposer leurs œufs précisément là où les petits doivent, en éclosant, trouver le plus facilement la nourriture qui leur convient.

ment, de l'agglomération ou de la dissémination des nids. A ces causes viennent s'ajouter, il est vrai, celles des sympathies et des antipathies naturelles, que quelques espèces ou quelques individus ont les uns pour les autres. L'abondance consiste elle-même en ce que l'oiseau trouve en grande quantité certains végétaux ou animaux, en ce qu'il peut se nourrir d'un grand nombre de leurs espèces, ou dans cette circonstance qu'il mange peu.

Ceci établi, tous les nids d'oiseaux devaient-ils être déposés sur le sol? Dans les plaines, il n'en pouvait guère être autrement; mais, dans la plupart des autres cas, il convenait qu'ils fussent répartis sur la terre, sur l'eau, sur les plantes, les arbres, les habitations qui se superposent à la surface du sol, de la sorte ils pouvaient être dans un milieu très-favorable aux opérations et aux habitudes de chaque espèce d'oiseaux, et surtout n'être pas soumis aux mêmes risques, à des chances trop générales de destruction ou même de réussite. Il ne faut pas, dit un proverbe, mettre tous ses œufs dans le même panier: c'était encore un moyen de rendre plus sensible la distinction des nids. Ces divers principes ont donné lieu à une multitude de faits qui se produisent partout.

Dans telle contrée qui, l'année dernière, était en jachères, c'est-à-dire à peu près nue, on ne voyait que peu d'alouettes; il y en a beaucoup plus cette année, parce qu'elle est cultivée en blé. Au fur et à mesure que la végétation, les insectes et les poissons croissent dans un étang, les oiseaux s'y reproduisent en plus grand nombre; ils s'y multiplient surtout dans les dernières années de la mise en eau. Qu'une coupe soit faite dans un bois, les nichées y sont extrêmement rares; elles reparaissent ensuite, quand les taillis poussent et grandissent, dans les jeunes et moyens taillis; selon qu'une ferme est ou n'est pas habitée, il y a ou il n'y a pas d'hirondelles rustiques.

Le nombre de ces nids augmente dans la proportion du bétail, c'est-à-dire, des fumiers qu'il produit et sur lesquels vivent les mouches.

Les oiseaux du genre de la fauvette, qui sont de petite taille, et d'une certaine spécialité comme éliminateurs, s'éloignent les uns des autres pour nicher, à moins qu'ils ne trouvent abondamment leur nourriture sur un même point.

On rencontre rarement dans un petit jardin plus d'un couple de fauvettes à tête noire et, dans un espace restreint des taillis d'un bois plusieurs nids de la fauvette des jardins. Au contraire, quand leur nourriture est très-variée, certains petits oiseaux nichent à côté les uns des autres ; de là les réunions de moineaux domestiques et de moineaux friquets. Les hirondelles se groupent aussi, parce qu'elles vont au loin chercher leur nourriture.

Les oiseaux de moyenne et de grande taille et qui, par cela même, consomment davantage, peuvent, mais surtout en raison de la variété de leur nourriture et de la puissance de leur vol, former également des groupes de nids, et pendant que les grives chanteuses s'isolent, les étourneaux, les corbeaux, les grands ramiers, les bizets, les hérons forment des espèces de villes.

Les plus grands de ces oiseaux, qui se perchent et volent haut, s'établissent ordinairement sur des arbres élevés.

Ainsi que nous l'avons dit, les oiseaux sont portés à rapprocher leurs nids, quand cela ne doit pas amener la disette ou une trop grande gêne, et quand il n'existe pas entre eux d'antipathie (1).

(1) A ce sujet je puis citer quelques faits curieux.
Le 6 mai 1873, j'ai trouvé, dans un petit bois situé au milieu d'une plaine, deux nids, l'un de corbeau-corneille et l'autre de pie. Ils étaient à peine à cent mètres l'un de l'autre. Ce voisinage donna lieu à des disputes continuelles, à des provocations et à des

Chacun sait que les hirondelles et les sternes forment de véritables colonies.

La héronnière d'Ecury est une ville habitée en un combats, qui eurent pour conséquence l'abandon des deux nids.

J'ai vu :

Sur un chêne, un nid de colombe-colombin, un de pic-vert, un d'étourneau et un de mésange-charbonnière (9 mai 1867);

Sur un autre, un nid de pic-épeiche, deux d'étourneau, un de gobe-mouche à collier et un de grimpereau (29 mai 1868);

Sur un hêtre, un nid de pic-épeichette, deux d'étourneau et un de grive (6 mai 1868);

Sur un chêne, un nid de colombe-colombin et deux d'étourneau (10 juin 1868);

Sur un charme, cinq nids d'étourneau (18 mai 1868);

Sur un hêtre, deux nids d'étourneau, un de torcol et un de mésange-charbonnière (28 mai 1866);

Sur un chêne, un nid de mésange-charbonnière et un de grive (10 mai 1870);

Sur une tête de saule, un nid de merle, et, dans un trou de cet arbre, un de mésange-charbonnière (8 mai 1872);

Sur un chêne, un nid de merle et un de grive (14 avril 1870);

Sur un peuplier, un nid de pinson et un de merle (20 avril 1870);

Sur un chêne, dans le flanc d'un vieux nid de buse, un nid de grimpereau (trois œufs), et, à quatre mètres au dessus, un nid de pie-grièche grise, contenant cinq œufs de l'oiseau et un de coucou. Chose très-curieuse, le sixième œuf de pie-grièche était caché dans le pourtour du nid (14 mai 1873);

Sur un chêne, un nid de pie-grièche grise et un de gros-bec (2 mai 1871);

Sur un bouleau, un nid de pie-grièche rousse, et, sur un frêne, à huit mètres de là, un nid de loriot (19 mai 1871);

Sur un buisson d'épine blanche, un nid de pie-grièche écorcheur, et, à sept mètres de là, sur terre, un nid d'engoulevent (12 mai 1871);

Sur un chêne, un nid de gros-bec, et, à deux mètres plus bas, un de grive (14 mai 1873);

Sur un étang, un nid de grèbe-castagneux, et, à trois mètres de là, un nid de sterne-épouvantail (17 juin 1873);

Sur une loge de canardier, un nid de canard-nyroca, et, à un mètre de là, à l'extrémité, un de morelle (15 mai 1874);

Sur une autre loge de canardier, deux nids de héron-blongios, et, à deux mètres de là, à l'extérieur, un de poule d'eau (20 juin 1874).

certain moment par huit cents, neuf cents hérons et plus.

Est-il donné à un petit oiseau de toucher le cœur d'un plus fort au point de se faire un protecteur d'un corbeau, d'un héron, et même de rapaces, tels que la buse, le milan et l'épervier-autour ? cela est probable, car j'ai trouvé, dans le flanc d'un nid de corbeau-corneille, un nid de grimpereau (15 avril 1867) ; dans celui d'un héron, un de friquet (12 mai 1866); dans celui d'une buse, un autre de friquet (8 mai 1874) ; dans celui d'un épervier-autour, un de grimpereau (2 mai 1871) ; dans celui d'un milan royal, un de moineau-friquet (2 mai 1866), et dans celui d'un milan noir, un de grim pereau (20 mai 1874). Plusieurs fois aussi, j'ai vu sur le même arbre des nids de colombe-colombin et d'étourneau avec des frelons ou des abeilles. En résumé, chacun a pu voir des nids plus ou moins rapprochés sur tous les points de la surface terrestre, celui de l'alouette sur la terre, de la fauvette sur un buisson, de la grive sur les taillis, de corbeaux sur les arbres, de grèbe-castagneux sur l'eau, de la rousserolle sur les roseaux. Pour nicher, l'hirondelle de rivage et le martin-pêcheur pratiquent dans le sol des trous, qui ont jusqu'à 80 centimètres et même 1 mètre 20 de profondeur ; dans le même but, les pics se creusent dans le tronc des arbres de véritables chambres.

III.

En général, c'est l'oiseau qui construit son propre nid. Exceptions.

Le nid étant en général nécessaire pour la reproduction de l'oiseau, il fallait que celui-ci pût en édifier, mais cependant sans trop de fatigues et de peines.

Ainsi, la plupart des oiseaux, et surtout ceux de petite taille, peuvent se contenter, pour chaque reproduction, d'un nid ralativement peu solide ; le travail long et difficile d'un logement destiné à durer plusieurs années est donc inutile. D'ailleurs, il eût été impossible à beaucoup d'entre eux d'aller chercher et de manier de gros matériaux, tels que des baguettes de bois ; de plus, les nids même très-solides fixés sur la terre n'auraient pu résister aux intempéries de l'hiver ; enfin, les conditions de l'élimination se modifient souvent, et de manière à entraîner pour les oiseaux un changement correspondant de domicile.

Beaucoup d'oiseaux sont donc obligés, chaque année, de faire de neuvelles constructions.

Un certain nombre de ceux qui font plusieurs pontes en un été sont même forcés de recommencer autant de nids que de pontes. Après l'élevage d'une première famille, la couche est au moins déformée, poudreuse, et souvent envahie par les insectes. Par cela même que le nid est très-simple, l'oiseau, avec les aptitudes dont il a été doté et que comportait sa constitution, peut en construire assez facilement un nouveau, quand le sien est détruit, ou qu'il le croit convoité par un ennemi. Il est des oiseaux qui en font plusieurs pour dépister les ravisseurs, et surtout les dénicheurs ; et si, en apportant des matériaux, ils se voient observés, ils changent de direction.

Ne dirait-on pas qu'en pensant à leurs petits, les oiseaux sont effrayés de leur faiblesse et de leur impuissance ? La lutte est souvent impossible, la fuite ne peut sauver les enfants, du moins les père et mère cacheront bien leur retraite.

En règle générale, le nid est terminé pour le jour où le premier œuf doit y être déposé ; cependant, quelquefois des oiseaux y font de légères augmentations, surtout quand l'incubation touche à la fin ou que les petits éclosent. Dans ces circonstances, des buses ont placé des feuilles et des nouveaux chiffons dans le fond de la cuvette, des tourterelles ont épaissi leur clayonnage en y ajoutant des baguettes.

Certains oiseaux utilisent les anciens nids, qui sont au centre des éliminations qu'ils trouvent à faire.

Les nids appartenant aux gros oiseaux, étant composés de matériaux solides, le plus souvent de baguettes enchevêtrées, peuvent durer plusieurs années. Ordinairement les rapaces s'en emparent et y font des réparations proportionnées aux avaries. De même les oiseaux qui nichent dans les trous n'ont qu'à reprendre possession des anciens et à les approprier.

Il se trouve de la sorte que quelques pères et mères profitent de constructions faites par d'autres oiseaux, ou par d'autres animaux, ou qu'ils utilisent celles qu'ils ont faites eux-mêmes une ou plusieurs années auparavant.

Non-seulement ils s'établissent dans un ancien nid qu'ils réparent, mais encore ils le démolissent quelquefois pour faire servir les matériaux à l'édification d'un nouveau.

Dans un jardin d'un de mes amis, le 9 avril 1872, un couple de pinsons nicha à l'extrémité d'une branche de lilas ; quatre jours après, le vent souffla avec violence et le nid fut très-fortement ballotté.

Ces oiseaux comprirent alors que cette résidence n'offrait aucune sécurité, et, sur la même branche, mais à un mètre trente centimètres plus bas, ils en construisirent un second, en utilisant une grande partie des matériaux du premier.

De ce qui précède, il résulte donc que chaque oiseau fait usage d'un nid pour la reproduction, qu'en général il travaille plus ou moins à son édification. Il n'y a à cette règle que fort peu d'exceptions.

De même encore, et il a été facile de le voir, le nid n'a pour objet que d'assurer la reproduction : les oiseaux n'en construisent point dans le but de se poser ou de s'abriter. Nos sédentaires d'hiver, comme la perdrix, le moineau domestique et la chouette-chevêche, trouvent des abris, la première dans une touffe d'herbe ou un rebord de fossé, les autres sous nos toits, dans les greniers, dans les granges. Cependant le pic a l'habitude de se creuser une chambrette là où il se propose de résider, et, en hiver, la chouette-hulotte est souvent blottie dans un trou d'arbre; mais cette retraite n'est point un nid.

IV.

Confirmation par des exemples du principe de nidification.

Ces énonciations générales trouvent leur application et leur confirmation dans les exemples suivants.

Les fauvettes, les bruants, les grives, font autant de nids que de pontes.

Quand on donne des inquiétudes aux oiseaux, souvent ils abandonnent leur nid et en font un autre ; ainsi fait la bondrée. Il est vrai que quelques-uns agissent différemment. Des buses ont même recommencé à pondre dans les nids d'où on avait enlevé les premiers œufs.

Afin de tromper ses ennemis, souvent la pie en construit plusieurs. Le troglodyte fait quelquefois de même.

Les milans, les buses, l'autour, la cresserelle, l'épervier, le moyen-duc viennent chaque année s'établir dans leurs anciennes résidences, quand ils ont pu y élever leurs petits et que le champ de leurs éliminations n'est pas changé. Dans le cas contraire, ils cherchent un nid de corbeau ou d'écureuil.

Ce n'est que lorsqu'ils n'en trouvent pas qu'ils en construisent.

Le corbeau-corneille lui-même, qui est un très habile constructeur, utilise quelquefois des matériaux qui ont déjà servi.

Le 20 avril 1873, j'ai vu un nid de cet oiseau dont la base se composait des restes d'un nid de pie de 1872.

Deux jours plus tard, j'en ai trouvé un de corbeau de l'année 1872 et qui avait été parfaitement restauré en 1873.

Le 5 juin 1865, deux hippolais-polyglottes ont fait une seconde ponte dans un nid, qui avait servi à l'élevage de la première nichée.

Le 10 juillet 1873, deux gobe-mouches ont repris possession d'un nid, dans lequel ils venaient d'élever cinq jeunes ; le 12, il y avait deux œufs.

Le 4 juillet 1874, à six heures du matin, cinq jeunes pinsons ont quitté leur nid, et le 8, leur mère y a déposé le premier œuf d'une seconde ponte.

Le 10 juin 1874, cinq rossignols sont sortis d'un nid dans lequel les père et mère en avaient élevé cinq autres à la même époque de 1873.

Un nid a suffi, avec quelques réparations, à deux linottes pour élever leurs petits, en mai 1873 et en avril 1874.

J'ai également vu des nids de grive et de merle établis sur d'anciens nids de geai, de grive et de merle.

Les étourneaux, les mésanges retournent aussi à leurs trous, les hirondelles à leurs nids, quand les conditions de nourriture sont les mêmes. Souvent il faut faire des réparations ou des augmentations, les sittelles et quelquefois les étourneaux en font de très-remarquables.

Si les trous ont disparu sous la cognée du bûcheron, ou sous l'action du temps, ou s'ils sont occupés par des oiseaux plus forts, ils en cherchent d'autres, et généralement ils en trouvent. Le pic, dont le nom indique assez la force du bec, a été chargé d'en construire pour la plupart des oiseaux. Il se creuse ordinairement un trou pour chaque ponte ; de plus, pour aller atteindre les insectes et se procurer plusieurs résidences, il établit chaque année une douzaine de trous.

Il arrive de la sorte qu'il en fournit à beaucoup d'autres oiseaux. L'effraie retourne dans les mêmes combles d'une maison, d'un édifice ou d'un clocher.

Il a été donné à un petit nombre d'oiseaux de pouvoir déposer leurs œufs sur le sol.

En Champagne, on trouve les œufs de l'œdicnème-criard sur de petits morceaux de crayon, ceux du petit pluvier à collier sur les grèves de la Marne, ceux de l'engoulevant sur le sol des forêts ; mais ces œufs arrivent quand la chaleur est intense.

Par de nombreux exemples, nous venons de voir que les oiseaux reviennent au lieu où ils ont niché et même à leurs anciens nids ; c'est la règle générale. Voici à ce sujet ce qui se passe. Le père et la mère, ou l'un ou l'autre d'entre eux, en raison sans doute de leur autorité, s'y établissent, et leurs enfants vont ailleurs.

Probablement aussi que ceux-ci y reviennent assez souvent plus tard, quand surtout les père et mère sont morts. Je pourrais, à l'appui de cette assertion, citer beaucoup de faits. Deux pinsons très-adultes, par conséquent très-colorés et reconnaissables, ayant niché sur un poirier de mon jardin, sont revenus l'année suivante camper sur la même branche. Un couple de pic-épeichette a creusé un trou dans un hêtre de la forêt de Saint-Dizier, le 19 avril 1868. Pendant quatre ans, et dans toute cette forêt, je n'ai jamais connu que cette famille de cette espèce d'oiseaux. Des mésanges bleues, après s'être établies dans une de mes statues en fonte, ont emmené leurs petits et sont revenues pondre huit jours après. Chaque année elles recommencent.

On sait aussi que les hirondelles, aux pattes desquelles on avait attaché des fils rouges, sont revenues l'année suivante à leurs nids.

Assurément ces diverses opérations dénotent chez l'oiseau la mémoire, et surtout la prévoyance. Quand il commence à construire, il y a quelquefois en perspective plusieurs mois de travaux à accomplir, et il lui faut alors calculer si les ressources du voisinage pourront suffire.

Du reste, l'oiseau fait acte de prévoyance dans beaucoup d'autres cas.

Par exemple : Qu'une chouette-effraie ait l'occasion de capturer beaucoup de souris et de rats, elle apportera près de son nid ceux qui sont destinés à la nourriture du lendemain ; si le lendemain la chasse est également fructueuse, et si les jours suivants la même chance se continue, ces mammifères s'amoncellent, aussi on en a quelquefois trouvé plus d'un double décalitre.

La pie-grièche écorcheur attache à une pointe d'épine ou d'une autre essence de bois les coléoptères et les petits oiseaux dont elle fait provision.

J'ai connu un corbeau qui faisait le bonheur d'un de mes voisins ; aussi celui-ci aimait à le gâter, et il lui donnait du sucre. L'oiseau était très-sensible à cette marque d'amitié ; mais, très-sobre de sa nature, il n'en mangeait jamais qu'un tout petit morceau ; si, selon lui, il y en avait trop, il cachait pour plus tard ce qu'il ne voulait pas manger de suite. Un jour on s'amusa à lui voler ce qu'il avait mis en réserve sous un paillasson. Grand fut son émoi quand il vit qu'il n'y avait plus rien. Il ouvrit de grands yeux, tourna et retourna le paillasson, eut l'air de beaucoup réfléchir et sembla aussi désappointé qu'étonné.

Chez la pie, l'instinct de mettre en réserve est tellement grand que cet oiseau prend quelquefois l'habitude de cacher, et que pour cela elle s'est fait souvent appeler Pie-Voleuse.

Il est certain que dans bien des cas, mais surtout à l'occasion de son nid, l'oiseau fait acte de prévoyance.

La nidification est bien faite pour donner une haute idée de l'intelligence de l'oiseau.

J'ai une collection de nids qui intéresserait les hommes les plus indifférents. Il en est quelques-uns qui sont restaurés avec beaucoup d'art, par exemple un nid d'hirondelle rustique approprié par et pour un troglodyte, un nid de fauvette à tête noire restauré et surmonté d'une coupole en mousse par une mésange à longue queue. Un nid d'hirondelle rustique approprié et complété l'année suivante par des hirondelles de fenêtre, occupé ensuite et garni de plumes à l'intérieur par des moineaux domestiques.

V.
Epoques de la nidification. — Raison de l'avance et du retard.

Ce paragraphe aurait pu être l'objet de nombreux développements ; j'ai pensé néanmoins que les principaux faits qui s'y rattachent seraient déjà très-instructifs s'ils étaient simplement exposés et classés dans l'ordre du tableau suivant.

Quelques observations en feront ressortir l'importance.

OISEAUX DE LA VALLÉE DE LA MARNE (section de Chaumont à Châlons).

Échelle des pontes d'une centaine d'espèces.

MOIS	DATE de la première ponte	DATE de la dernière ponte	DATES des 2e et 3e pontes	PASSEREAUX	ÉCHASSIERS	GALLINACÉS	PALMIPÈDES	OISEAUX de proie
MARS.								
8	1er février.	22 mars.						Chouette-hulotte.
10	1er mars.	28 mars.					Canard sauvage.	
12	25 mars.	5 avril.						Aigle botté.
30	1er février.	23 avril.			Bécasse.			
VRIL.								
1	6 mars.	6 avril.	Quelquefois 2e ponte.					
1			Du 20 mai au 25 juin.			Colombe-colombin.		Moyen-duc.
4	27 mars.	16 mai et même 3 juin	Quelquefois du 3 juin au 3 juillet.	Grive draine				
5								
5	10 mars.	15 avril.	Du 15 avril au 15 juin, surtout 15 mai.	Merle noir.				Jean-le-Blanc

5	30 mars.	7 mai.	... 5 au 12 juin.	Pie.
7	18 mars.	14 avril.	Quelquefois vers le 10 mai.	Mésange à longue queue.
8	1er avril.	15 avril.		Grimpereau.
8	5 avril.	25 mai.	Du 25 mai au 10 juillet.	Grive chanteuse.
10	5 avril.	25 avril.	Du 10 mai au 13 juin.	Milan royal.
10	1er février.	20 avril.	Du 15 mai au 13 juill., surtout le 20 mai	Linotte.
10	20 mars.	15 avril.		Chouette-effraie.
12	20 mars.	25 avril.	Du 15 mai au 15 juin.	Pinson ordinaire.
12	7 avril.	25 avril.	7 juillet.	Traquet rubicole.
15	9 avril.	25 avril.	Du 19 mai au 15 juin, surtout au 1er juin.	Epervier-autour.
15				
16	8 avril.	11 mai.		Mésange bleue. Milan noir.

OISEAUX DE LA VALLÉE DE LA MARNE (section de Chaumont à Châlons).

Échelle des pontes d'une centaine d'espèces.

MOIS	DATE de la première ponte	DATE de la dernière ponte	DATES des 2e et 3e pontes	PASSEREAUX	ÉCHASSIERS	GALLINACÉS	PALMIPÈDES	OISEAUX de proie
MARS.								
8	1er février.	22 mars.						Chouette-hulotte.
10	1er mars.	28 mars.					Canard sauvage.	
12	25 mars.	5 avril.						Aigle botté.
30	1er février.	23 avril.	Quelquefois 2e ponte.		Bécasse.			
AVRIL.								
1	6 mars.	6 avril.	Du 20 mai au 25 juin.			Colombe-colombin.		Moyen-duc.
4	27 mars.	16 mai et même 3 juin	Quelquefois du 3 juin au 3 juillet.	Grive draine				
5								Jean-le-Blanc

5	20 mars.	1er mai.	Quelquefois du 1er au 10 juin	Corbeau-Corneille.
5	30 mars.	7 mai.	Quelquefois du 5 au 12 juin.	Pie.
7	18 mars.	14 avril.	Quelquefois vers le 10 mai.	Mésange à longue queue.
8	1er avril.	15 avril.		Grimpereau. Milan royal.
8	5 avril.	25 mai.	Du 25 mai au 10 juillet.	Grive chanteuse.
10	5 avril.	25 avril.	Du 10 mai au 13 juin.	
10	1er février.	20 avril.		Chouette-effraie.
10	20 mars.	15 avril.	Du 15 mai au 13 juill., surtout le 20 mai	Linotte.
12	20 mars.	25 avril.	Du 15 mai au 15 juin.	Pinson ordinaire.
12	7 avril.	25 avril.	7 juillet.	Epervier-autour.
15	9 avril.	25 avril.		Traquet rubicole.
15	8 avril.	11 mai.	Du 19 mai au 15 juin, surtout au 1er juin.	Mésange bleue. Milan noir.

OISEAUX DE LA VALLÉE DE LA MARNE (section de Chaumont à Châlons).

(Suite.)

MOIS	DATE de la première ponte	DATE de la dernière ponte	DATES des 2e et 3e pontes	PASSEREAUX	ÉCHASSIERS	GALLINACÉS	PALMIPÈDES	OISEAUX de proie
AVRIL.								
16	6 avril.	4 mai.	Du 19 mai au 15 juin, surtout au 1er juin.	Mésange-nonnette.				
17	20 avril.	29 mars, 6 mai.	Id.	Mésange-charbonnière.				
20	9 avril.	25 avril.	Du 20 juin au 1er août.	Alouette des champs.				
20	6 avril.	12 mai.	Du 30 mai au 30 juin et même jusqu'au 20 août.	Sittelle.		Grand ramier.		
20	20 avril.	7 avril, 24 avril.	Du 20 au 31 mai; du 18 juin au 30 juillet. Quelquefois 4 pontes	Moineau domestique.				

21	19 avril.	28 mai.	Du 1er juin au 24 juillet.	Verdier.	
22	13 avril.	1er mai.	juin, surtout le 20.		Grèbe-castagneux.
22	13 avril.	25 avril.	Du 23 mai au 1er juin.	Etourneau.	
24	10 avril.	25 avril.	Du 15 juin au 1er juillet.	Bergeronnette boarule.	
25	10 avril.	28 mai.			Morelle.
25	4 avril.	17 juin.			Poule d'eau.
25	13 avril.	18 juin.			
25	20 avril.	20 mai.		Pie-grièche grise.	
25	17 avril.	25 mai.	Du 1er juin au 4 juillet.	Rouge-gorge	
26	12 avril.	5 mai.		Geai.	
26	19 avril.	10 mai.	Vers le 3 juillet	Bergeronnette grise.	
28				Pic-vert.	
28	22 avril.	6 mai.	1er juin, 10 juillet.	Moineau-friquet.	
30					Râle d'eau.
30					
30	17 avril.	14 mai.		Gros-bec.	

Buse vulgaire.

Canard pilet.

OISEAUX DE LA VALLÉE DE LA MARNE (section de Chaumont à Châlons).

(Suite.)

MOIS	DATE de la première ponte	DATE de la dernière ponte	DATES des 2e et 3e pontes	PASSEREAUX	ÉCHASSIERS	GALLINACÉS	PALMIPÈDES	OISEAUX de proie
AVRIL.								
16			Du 19 mai au 15 juin, surtout au 1er juin.	Mésange-nonnette.				
17	6 avril.	4 mai.	Id.	Mésange-charbonnière.				
20	20 avril.	29 mars, 6 mai.	Du 20 juin au 1er août.	Alouette des champs.				
20	9 avril.	25 avril.	Du 30 mai au 30 juin et même jusqu'au 20 août.	Sittelle.				
20	6 avril.	12 mai.	Du 20 au 31			Grand ramier.		

— 37 —

N	(avril)	(mai/juin)	Quelquefois	Espèce			
21	19 avril	28 mai	Du 1er juin au 24 juillet	Verdier			
22	13 avril	1er mai	Du 10 au 25 juin, surtout le 20		Grèbe-castagneux		
22	13 avril	25 avril	Du 23 mai au 1er juin	Etourneau			
24	10 avril	25 avril	Du 15 juin au 1er juillet	Bergeronnette boarule			
25	10 avril	28 mai			Morelle		
25	4 avril	17 juin					
25	13 avril	18 juin			Poule d'eau		
25	20 avril	20 mai		Pie-grièche grise			
25	17 avril	25 mai	Du 1er juin au 4 juillet	Rouge-gorge			
26	12 avril	5 mai		Geai			
26	19 avril	10 mai	Vers le 3 juillet	Bergeronnette grise			
28				Pic-vert			Buse vulgaire
28	22 avril	6 mai	1er juin, 10 juillet	Moineau-friquet			
30						Râle d'eau	
30							Canard pilet
30	17 avril	14 mai		Gros-bec			

OISEAUX DE LA VALLÉE DE LA MARNE (section de Chaumont à Châlons).

(Suite.)

MOIS	DATE de la première ponte	DATE de la dernière ponte	DATES des 2e et 3e pontes	PASSEREAUX	ÉCHASSIERS	GALLINACÉS	PALMIPÈDES	OISEAUX de proie.
AVRIL. 30	18 avril.	10 mai.		Traquet-tarier.				
MAI. 1	25 avril.	5 mai.		Martin-pêcheur.				
1	14 avril.	15 mai.	Jusqu'au 20 juillet.	Troglodyte.				
1	25 avril.	8 mai.		Pouillot fitis				
1	20 avril.	18 mai.	Du 1er au 20 juin.	Bruant jaune				
5	21 avril.	15 mai.	15 juillet.	Bouvreuil.				
6	1er mai.	10 mai.	Du 15 juin au 20 juillet.	Hirondelle rustique.				
8	2 mai.	12 mai.	Vers le 5 juillet	Fauvette grisette.				

— 39 —

8	5 mai.	25 mai.	Vers le 5 juillet	Fauvette des jardins.
8	6 mai.	15 mai.	Id.	Fauvette babillarde.
8	25 avril.	15 mai.		Bruant des roseaux.
8				Hibou-brachiote.
8				Faucon hobereau.
10	4 mai.	5 juin.	Vers les 1er, 10 et 12 juillet.	Hirondelle de fenêtre.
10	3 mai.	22 mai.	Id.	Hirondelle de rivage.
10	2 mai.	20 mai.		Rossignol.
10	5 mai.	26 mai.		Bergeronnette de printemps.
10	4 mai.	20 mai.		Pic-épeiche.
10	23 avril.	25 mai.	Vers le 15 juin.	Fauvette à tête noire.
10	24 avril.	1er juillet.		Coucou.
10	29 avril.	26 mai.		Huppe.
10	5 mai.	20 mai.	Du 5 au 25 juin	Bruant zizi.
10	er mai			Œdicnème

OISEAUX DE LA VALLÉE DE LA MARNE (section de Chaumont à Châlons).

(Suite.)

MOIS	DATE de la première ponte	DATE de la dernière ponte	DATES des 2e et 3e pontes.	PASSEREAUX	ÉCHASSIERS	GALLINACÉS	PALMIPÈDES	OISEAUX de proie.
AVRIL. 30	18 avril.	10 mai.		Traquet-tarier.				
MAI. 1	25 avril.	5 mai.		Martin-pêcheur.				
1	14 avril.	15 mai.	Jusqu'au 20 juillet.	Troglodyte.				
1	25 avril.	8 mai.		Pouillot fitis				
1	20 avril.	18 mai.	Du 1er au 20 juin.	Bruant jaune				
5	21 avril.	15 mai.	15 juillet.	Bouvreuil.				
6	1er mai.	10 mai.	Du 15 juin au 20 juillet.	Hirondelle rustique.				

8	5 mai.	25 mai.	Vers le 5 juillet	Fauvette des jardins.
8	6 mai.	15 mai.	Id.	Fauvette babillarde.
8	25 avril.	15 mai.		Bruant des roseaux.
8				Hibou-brachiote.
8				Faucon hobereau.
10	4 mai.	5 juin.	Vers les 1er, 10 et 12 juillet.	Hirondelle de fenêtre.
10	3 mai.	22 mai.	Id.	Hirondelle de rivage.
10	2 mai.	20 mai.		Rossignol.
10	5 mai.	26 mai.		Bergeronnette de printemps.
10	4 mai.	20 mai.		Pic-épeiche.
10	23 avril.	25 mai.	Vers le 15 juin.	Fauvette à tête noire.
10	24 avril.	1er juillet.		Coucou.
10	29 avril.	26 mai.		Huppe.
10	5 mai.	20 mai.	Du 5 au 25 juin	Bruant zizi.
10	1er mai.	12 juillet.		Œdicnème criard.

— 40 —

OISEAUX DE LA VALLÉE DE LA MARNE (section de Chaumont à Châlons).

(Suite.)

MOIS	DATE de la première ponte	DATE de la dernière ponte	DATES des 2e et 3e pontes	PASSEREAUX	ÉCHASSIERS	GALLINACÉS	PALMIPÈDES	OISEAUX de proie
Mai.								
11	6 mai.	15 mai.		Pouillot sylvicole.				Busard Saint-Martin
12	20 avril.	25 mai.		Pie-grièche rousse.				Chouette-chevêche.
15	13 mai.	30 mai.						
12	20 avril.	15 mai.						
15	25 avril.	1er juin.	Vers le 15 juil.	Pipit des arbres.				
15	3 mai.	25 mai et 1er août.	Quelquefois deux pontes.					
15	8 mai.	30 mai et 15 juillet.		Pie-grièche écorcheur.				
15	12 mai.	25 mai.			Râle de genêts.	Perdrix grise.		
15				Pouillot natterer.	Grande outarde.			
17								

		Faucon-cresserelle.											
										Caille.			
	Pie-grièche à poitrine rose.		Chardonneret.	Loriot.	Accenteur mouchet.	Torcol.	Hippolaïs ictérine.	Merle à plastron.	Rousserolle-turdoïde.	Martinet.	Rossignol de muraille.	Outarde canepetière.	Gobe-mouche à collier.
			Du 25 juin au 25 juillet.										
	25 mai.	10 juin.	25 juin.	5 juin.	30 mai.	25 mai.	30 mai.		25 juin.	30 mai.	1er juillet et 20 août.	1er juin.	25 juin.	10 juin.
	15 mai.	17 avril.	8 mai.	11 mai.	12 avril.	17 mai.	20 mai.		18 mai.	20 mai.	10 mai.	25 avril.	20 mai.	2 mai.
20	20	20	20	20	20	22	25	25	25	25	25	26	28	30

OISEAUX DE LA VALLÉE DE LA MARNE (section de Chaumont à Châlons).

(Suite.)

MOIS	DATE de la première ponte	DATE de la dernière ponte	DATES des 2ᵉ et 3ᵉ pontes	PASSEREAUX	ÉCHASSIERS	GALLINACÉS	PALMIPÈDES	OISEAUX de proie
Mai. 11	6 mai.	15 mai.		Pouillot sylvicole.				
12	20 avril.	25 mai.						Busard Saint-Martin
15	13 mai.	30 mai.		Pie-grièche rousse.				Chouette-chevêche.
12	20 avril.	15 mai.						
15	25 avril.	1ᵉʳ juin.	Vers le 15 juil.	Pipit des arbres.				
15	3 mai.	25 mai et 1ᵉʳ août.	Quelquefois deux pontes.					
15	8 mai.	30 mai et 15 juillet.		Pie-grièche écorcheur.		Perdrix grise.		
15	12 mai.	25 mai.			Râle de genêts.			

— 41 —

	Epervier ordinaire.			
	Faucon-cresserelle.			

		Caille.	

	Pie-grièche à poitrine rose.	Chardonneret.	Loriot.	Accenteur mouchet.	Torcol.	Hippolaïs ictérine.	Merle à plastron.	Rousserolle-turdoïde.	Martinet.	Rossignol de muraille.	Outarde canepetière.	Gobe-mouche à collier.
		Du 25 juin au 25 juillet.										
	23 mai.	25 mai.	10 juin.	25 juin.	5 juin.	30 mai.	25 mai.	30 mai.	25 juin.	30 mai.	1er juillet et 20 août.	1er juin.	25 juin.	10 juin.
	22 avril.	15 mai.	17 avril.	8 mai.	11 mai.	12 avril.	17 mai.	20 mai.	18 mai.	20 mai.	10 mai.	25 avril.	20 mai.	2 mai.
18	20	20	20	20	20	20	22	25	25	25	25	25	26	28	30

OISEAUX DE LA VALLÉE DE LA MARNE (section de Chaumont à Châlons).

(Suite et fin.)

MOIS.	DATE de la première ponte	DATE de la dernière ponte	DATES des 2e et 3e pontes.	PASSEREAUX	ÉCHASSIERS	GALLINACÉS.	PALMIPÈDES	OISEAUX de proie.
MAI. 30	20 mai.	25 juin.					Canard-nyroca.	
JUIN. 1	16 avril.	10 juin.					Sterne-épouvantail.	
1	15 mai.	30 juin.		Rousserolle-effarvatte.				
1	21 mai.	10 juin.						
1	12 mai.	10 juin.		Engoulevent				
3	5 mai.	26 juillet.						Bondrée.
6	20 mai.	12 juin.			Petit pluvier à collier.	Tourterelle.		
6	29 mai.	12 juin.				Héron-blongios.		
10	6 juin.	15 juin.		Roitelet moustache.				
15								
25	24 avril.	20 juin.					Sterne-moustac.	Busard-montagu.
25	20 mai.	20 juin.					Sterne-leucoptère.	

L'importance de ce tableau n'échappera à personne; seulement je dois dire tout d'abord que, n'ayant rien trouvé dans les livres, j'ai dû ne prendre, pour lui servir de base, que mes observations personnelles, forcément insuffisantes, quoique très-nombreuses, et très-minutieuses ; aussi, dans l'intérêt de la vérité complète, je prie les ornithologistes, mes collègues, de me signaler les inexactitudes que j'ai pu commettre. Je leur en serai très-reconnaissant, car l'étude des époques auxquelles sont faits les nids est très-instructive et donne lieu à des applications très-pratiques.

Si, en effet, l'on veut étudier et protéger efficacement les nids d'oiseaux, en détruire quelques-uns, ceux des oiseaux nuisibles, il faut savoir à quelles époques ils sont commencés et terminés.

Pour régler sa conduite dans certaines circonstances, il importe de bien comprendre le rôle de l'oiseau dans la nature. Or, par ce tableau on voit comment les pontes s'échelonnent du 1er février au 20 août. En tenant compte pour chaque espèce du temps nécessaire à la ponte, à l'incubation et à l'élevage du nid (1), on peut entrevoir la concordance qui existe entre les forces de la production et celles de l'élimination. Les oiseaux se multiplient, en effet, progressivement et au fur et à mesure de ce qu'il peut y avoir en excès dans la production des végétaux, des insectes et des autres animaux.

Ainsi, les éliminateurs de petits mammifères et les vermivores, comme la chouette-hulotte, la chouette-effraie, le merle, nichent de bonne heure ; tandis que les pontes de chasseurs de gibier, comme le busard Saint-Martin et le faucon-cresserelle, viennent plus tard. Les émoucheurs du genre des hirondelles, et surtout des sternes, nichent également très-tard.

---

(1) Dans une étude des œufs, je donnerai quelques détails sur ces matières.

Un certain nombre d'espèces font deux ou trois pontes au lieu d'une ; de la sorte leurs petits ne s'unissent que progressivement à la masse des éliminateurs.

On voit aussi que les pontes d'une même espèce, au lieu de se produire le même jour ou à peu près, s'échelonnent pendant une certaine période de temps. La période où ces pontes sont le plus abondantes, varie elle-même, avance ou retarde selon les nécessités de l'élimination. De ces faits je puis citer quelques exemples remarquables.

J'ai déjà dressé trois inventaires de la héronnière d'Ecury, et j'ai trouvé :

	Petits.	Œufs.	Total.
Au 1er mai 1865.....	203	289	492
— 1868.....	281	207	488
— 1872.....	490	107	597

Pourquoi cette précocité des pontes en 1872 ? Les trois premiers mois de cette année ont été relativement chauds, la végétation s'est développée de très-bonne heure et les cultivateurs ont récolté beaucoup de fourrages. Les insectes et les petits animaux se sont également multipliés plus tôt qu'à l'ordinaire. Cette précocité des pontes d'oiseaux en 1872, je l'ai constatée non-seulement à la héronnière d'Ecury, mais chez beaucoup d'autres espèces, par exemple dans celle de la chouette-hulotte, de la mésange à longue queue, du merle, etc.

La reproduction des oiseaux a été aussi abondante que précoce, et c'est pour cela que dans les tendues du département de la Meuse on a pris énormément de petits oiseaux.

Le 30 mai de la même année, je suis allé visiter des étangs de la région du Der ; j'y ai trouvé des sternes-épouvantails, seize nids de sterne-moustac, dont les pontes dataient des 3, 10 et 25 mai, et, je dois le dire en passant, j'ai été assez heureux pour recueillir une ponte de cinq œufs de sterne-leucoptère (j'en cherchais depuis dix ans) et de classer cette espèce au nombre de nos sédentaires d'été.

Le 17 juin 1873, je suis retourné sur les mêmes étangs et je n'ai aperçu que six nids de sterne-épouvantail avec des œufs, et quatre nids de sterne-moustac, qui étaient achevés, mais dans lesquels la ponte n'avait pas commencé.

Un fait très-remarquable encore, c'est qu'en 1872, il y avait au-dessus et autour de l'étang des nuages d'insectes ailés et, qu'en 1873, on n'en voyait même pas autour des loges de canardier ; aussi les sternes, qui étaient venues en très-grand nombre en 1872, étaient au contraire très-rares en 1873.

Les forces de l'élimination que représentent les oiseaux se répartissent donc admirablement d'après les exigences du temps et du lieu ; et un tableau, dans lequel se trouveraient les renseignements nécessaires pour faire ressortir la concordance de ces forces avec celles de la production, mettrait en évidence le rôle bienfaisant de l'oiseau et le ferait aimer davantage.

VI.

Avantages que le nid doit offrir à l'oiseau

§ 1.

DES ABORDS DU NID.

Il doit être installé de manière à n'être exposé, que le moins possible, au froid, à la pluie, au vent, et surtout à la vue et à l'attaque de l'ennemi.

Aussi, après avoir trouvé un centre favorable pour leurs explorations et leurs éliminations, les père et mère cherchent un emplacement qui les mette à l'abri du danger. Ils choisissent une petite enceinte, dans laquelle le nid puisse jouir des avantages assurés au lit dans une chambre, à une maison principale au centre de ses dépendances, à un fort dissimulé derrière des obstacles.

Ils choisissent ou composent cette enceinte d'après les besoins de leur espèce.

Les plus forts se contentent, pour abriter leur construction, des branches feuillues, qui, suivant les circonstances, servent de parapluie, de parasol ou de paravent.

D'autres cherchent des clôtures plus complètes, plus épaisses ou plus résistantes, ou bien une chambrette de verdure, ou même des toits, des plafonds, des parois en bois ou en terre, des planchers, des terriers.

Les nids se trouvent alors, pour ainsi dire, sous la tente, dans une chambrette, une chambre, une mansarde, une alcove, un boudoir.

Pour y pénétrer il y a des avenues, des corridors, des antichambres.

Les nids de buse, de corbeau, ont pour abri le feuillage des branches supérieures des arbres.

La fauvette choisit une chambrette de verdure dans le fourré d'un buisson.

L'alouette, la bergeronnette, la caille en cherchent de pareilles dans les touffes d'herbe.

Ces résidences ont de petites avenues, une ou deux entrées.

Le pipit des arbres et le rossignol déposent leurs nids au pied d'un petit brin de taillis, qui devient pour eux un tuteur.

Une ou plusieurs tiges de ronces conviennent encore mieux au busard saint-martin et à la bécasse.

Souvent, sur le revers d'un fossé, le rouge-gorge s'établit sous une touffe de grandes herbes qui, en retombant, forment une espèce de tapisserie, et qui servent de rideau au nid et de portière à son entrée.

Impossible de rien deviner de cette mystérieuse retraite à moins que l'on ne voie la couveuse s'envoler.

En pareille circonstance, le bruant jaune agit de même. J'ai vu, le 20 avril 1874, un nid de ce dernier oiseau établi à vingt centimètres au-dessous d'un autre dans lequel il avait élevé des petits en 1873.

Le moineau et l'hirondelle s'abritent sous nos toits.

Un long corridor mène à la chambre de l'hirondelle de rivage, qui se trouve ainsi préservée contre le froid et les éboulements.

Le fort du pic n'a qu'une petite ouverture donnant dans le vide.

Pour passer de l'étang dans son esquif, la morelle se construit, en guise d'escalier, une rampe en joncs, et à deux mètres environ de là elle amasse également des roseaux, sur lesquels elle vient stationner; souvent encore, dans les étangs nouvellement mis en eau et par cela même très-découverts, elle recourbe les roseaux dont est entouré son nid, de manière à former une espèce de voûte, et à le soustraire ainsi à la vue des oiseaux de proie.

Le grèbe-castagneux, pour arriver au même but, a recours à un autre stratagème; il plonge si bien, même au sortir de la coquille, qu'il échappe facilement à l'œil de son ennemi; ne pouvant emporter ses œufs, il les recouvre d'herbes en dépôt sur les bords du nid; à peine paraissez-vous à l'horizon, que l'opération est faite et que l'oiseau a disparu. On n'en tue qu'à l'affût.

Toutes les dispositions des abords du nid ont pour résultat de rendre faciles les communications des oiseaux pendant l'incubation et l'élevage des petits; mais la plus grande préoccupation des père et mère est de trouver un abri et de mettre entre eux et leurs éliminateurs, des obstacles, un fourré, une paroi, le vide, l'eau ; aussi beaucoup d'entre eux abandonnent-ils leur chère résidence, quand un danger la menace, quand des êtres suspects s'en sont approchés avec des airs de convoitise ; quelques-uns prennent même cette triste résolution, quand l'incubation a commencé.

§ 2.

SOLIDITÉ DU NID.

Attaches — résistance et épaisseur des parois et du fond — procédés employés par les oiseaux pour unir les principaux matériaux — revêtements intérieur et extérieur — la verticale de l'axe — cube intérieur et forme du nid.

Le nid doit être solide et préserver ainsi les œufs et les petits de tout accident grave. Il faut que sa solidité soit aussi grande que s'il était établi sur le sol ; même à terre il est installé dans un trou, qui existe, ou qui est fait ou agrandi par l'oiseau, et il se trouve ainsi soutenu de tous côtés. L'ouvrier profite même d'une petite cavité du trou, pour y lancer des matériaux et pour faire adhérer sa construction au sol comme par des racines. Si la ponte doit être simplement déposée à la surface du sol, les père et mère ont eu soin de réunir, en forme de coupe, de la terre, des graviers, du crayon, des herbes, des feuilles, etc.

Le nid des sylvains n'est pas simplement emboîté dans trois ou quatre branches ayant la disposition d'une fourche. Il est fixé à chacune d'elles, soit par des baguettes formant crochet, soit par des filaments qui les enlacent, soit par des embrasures bien proportionnées ; en sorte que le nid résiste aux secousses violentes du vent et aux mouvements parfois impétueux des jeunes ; ces branches étant comme les pierres angulaires de l'édifice, les oiseaux ont soin de les bien choisir : ceux de grande et de moyenne taille, comme les rapaces et le corbeau-corneille, en cherchent de très-grosses, les fauvettes se contentent de petites.

Un lierre ou un chèvre-feuille, qui s'enlace et s'enroule autour de branches, est toujours mis à profit pour l'établissement et la consolidation du nid.

Les rousserolles et le loriot sont, dans l'art des attaches, les plus habiles de nos oiseaux. Le loriot suspend son hamac si solidement, que quatre de ses jeunes, pesant deux cent quatre-vingt-dix grammes, peuvent sautiller et se balancer sans le moindre souci.

L'hirondelle rustique, n'attachant pas, comme l'hirondelle de fenêtre, le bord supérieur de sa maçonnerie à un plancher, à un plafond, ou à une corniche, a soin de relier par des filaments d'herbes ou de paille la terre qu'elle pétrit, et quand, sous les poutres auxquelles elle attache sa construction, on cloue une planche faisant saillie, elle s'empresse d'en profiter pour appuyer son ouvrage.

Les oiseaux du genre de la morelle, de la poule d'eau, du grèbe-castagneux et des sternes, attachent leur esquif de roseaux à des joncs et à des herbes qui servent ainsi d'amarres et qui lui permettent de suivre, sans subir d'avaries, et l'élévation et l'ondulation des eaux.

La solidité du nid dépend d'une bonne installation et de fortes attaches, mais beaucoup aussi de la résistance et de l'épaisseur du fond et des parois.

Quand il adhère à des matières solides, comme le bois, la terre, la pierre, il suffit souvent d'en superposer les matériaux ; c'est ce que fait l'étourneau dans le trou d'un arbre ; mais plus la base et les côtés manquent d'appui, plus il doit y avoir de solidité dans leur contexture ; ce genre de travail se remarque surtout chez les sylvains qui construisent sur de petites branches.

L'épaisseur du fond et des côtés est surtout proportionnée au poids des jeunes à élever. On s'en fera une idée par les chiffres suivants.

			ÉPAISSEUR	
	POIDS DE		DU FOND	DES PAROIS
Héron...	4 jeunes	5492 gr.	25 c.	10 c.
Corbeau...	6 —	2629	15 c.	05 c.
Merle...	5 —	465	6 c.	2 c. 5
Fauvette à tête noire.	6 —	150	3 c.	2 c.
Chardonneret...	5 —	80	1 c. 5	1 c. 5

Ces épaisseurs de paroi sont prises, à mi-hauteur ; toujours elles sont plus petites à la partie supérieure et plus fortes à la base, où elles se confondent avec le fond du nid.

De plus, ces proportions changent, selon que les points d'appui de l'édifice sont plus ou moins nombreux, épais et solides ; aussi le côté appliqué au tronc d'un arbre, à une pierre, à un mur, a généralement très-peu d'épaisseur ; au contraire, celui qui se projette sans appui dans le vide en a d'autant plus.

Je possède deux nids qui sont de très-remarquables applications de ce principe. L'un est de merle, l'autre de mésange-nonnette.

On sait qu'ordinairement le premier de ces oiseaux construit des parois aussi élevées que solides, et que le second n'en établit pas du tout, parce qu'il se case dans un creux d'arbre.

Eh bien ! mon nid de merle, qui avait été installé dans une crevasse de saule, n'a que la base, et celui de la mésange-nonnette, qui avait été fabriqué dans un nid de merle, trop large pour elle, a des côtés très-bien travaillés et semblables à ceux du pinson pour la hauteur. Cette malheureuse mésange n'avait pu trouver, ni creuser un trou pour se loger au centre des abondantes éliminations qu'elle prévoyait.

Autre application du même principe.

Le pic, en forant, s'applique à descendre perpendiculairement et à ne pas se rapprocher de l'écorce de l'arbre, dans la crainte de trop amincir les parois de sa chambre ou même de les enfoncer.

J'ai dans ma collection un nid de mésange-charbonnière, qui donne la mesure de ces préoccupations. Je l'ai trouvé dans une forêt voisine, dont la grande futaie a été complètement abattue. Quelques jeunes charmes ayant été laissés çà et là, les branches supérieures perdirent bientôt leurs feuilles, leur séve, et furent attaquées par les insectes.

Le 6 avril 1873, deux mésanges-charbonnières, ne trouvant pas le moindre trou de pic, se mirent à en creuser un dans une branche vermoulue de ces charmes. N'ayant ni l'outillage, ni l'habileté du pic, elles ne purent arriver à vingt centimètres de profondeur sans se rapprocher de l'écorce, qui se fendit et se détacha. Que faire ? le temps pressait ; au lieu d'essayer un nouveau forage, elles bouchèrent cette petite ouverture avec de la mousse bien tassée, plaquée à l'intérieur et très-adhérente aux matériaux du fond du nid. Grâce à cet ingénieux raccommodage, la paroi retrouva la solidité nécessaire.

On voit donc que la résistance et l'épaisseur de chaque partie de la construction sont toujours en raison de l'appui qu'elles trouvent et du poids de la nichée de l'espèce. C'est un principe dont tous les oiseaux font l'application.

Afin de donner plus de consistance et d'unité aux matériaux principaux qu'ils superposent ou enlacent, les oiseaux ont recours à plusieurs moyens.

Le plus souvent ils se servent, dans leur construction, de matières qui font office de ciment. Chez quelques-uns, les glandes placées sous la langue sont le siège d'une sécrétion extraordinaire, et fournissent une quantité énorme de salive visqueuse qui aide à coller (1).

(1) *Histoire naturelle des oiseaux*, p. XX, par le Maout (Curmer.)

Pour composer leurs nids de forme sphérique, le troglodyte et la mésange à longue queue font usage de la mousse. Le premier, afin de donner de la consistance à son tissu, se sert de brindilles en guise de trame. La seconde a de plus la patience de relier les unes aux autres les fibres de la mousse au moyen de fils de soie, qu'elle tire de cocons d'araignées.

Au contraire, le gros-bec, qui utilise de petites baguettes, pour sa construction, les fixe avec de la mousse.

Les merles, les pies-grièches, les rousserolles, recherchent comme matière principale les brins d'herbe. Pour en faire un tout bien compacte, ils emploient, les premiers, de la terre et de la mousse ; les secondes, de la mousse et du coton d'arbre ; les troisièmes, du coton de plantes aquatiques.

Le loriot, qui a besoin de longs filaments d'herbes ou d'écorces d'arbre, prend, pour les unir, la mousse, les feuilles, la plume, le coton du pays, et même des copeaux et du papier.

Les rossignol plaque les unes sur les autres les feuilles dont il compose les parois et le fond de son nid. Il place les queues de manière à bien relier entre elles ces feuilles, et il ajoute, quand il le faut, des filaments d'herbes.

La terre pétrie de la sittelle et de l'hirondelle de fenêtre est d'une très-grande solidité.

La plupart des oiseaux arrivent, par des procédés de ce genre, à unir tous les matériaux du nid, aussi bien ceux qui servent au revêtement intérieur et extérieur, que ceux dont se composent les parties principales du fond et des parois. C'est ainsi que ces matières si diverses nous apparaissent comme des unités très-distinctes et très-solides.

Ces revêtements intérieur et extérieur, qui sont pour la solidité de la construction un complément nécessaire, s'expliquent aussi par d'autres raisons.

Il ne suffit pas, en effet, que l'oiseau ne soit pas trop exposé aux dangers de la mort, et l'œuf à celui de la casse, il faut encore que les oisillons ne soient pas gênés au point d'en être incommodés ; par exemple, les gros matériaux, comme les baguettes, qui conviennent pour la charpente, ne peuvent être utilisés pour la literie ; l'intérieur doit être composé de matières douces, élastiques, bien tassées et lissées, dont n'ait pas à souffrir la peau si frêle des jeunes oiseaux et dans lesquels ils ne puissent facilement se prendre les doigts et les ongles. On y trouve souvent des herbes très-fines, quelquefois du crin, toujours la surface lisse d'une paroi et d'un parquet, et l'élasticité d'un lit.

Les fauvettes et les bergeronnettes s'aident de crins pour matelasser leur nid, ie gobe-mouche gris en tapisse le sien d'une forte épaisseur. Le gros-bec et le bouvreuil recourent à des racines très-fines et très-flexibles.

Certains oiseaux ajoutent des plumes, de la laine, du coton, pour rendre la couche plus chaude ; mais n'anticipons pas, ce sujet sera traité sous le paragraphe suivant.

Quelquefois le nid est, dans sa partie extérieure, travaillé d'une manière toute particulière.

Celui du chardonneret a les bords supérieurs composés de brins d'herbe bien tassés et recouverts en grande partie de coton englué, et cette espèce de toit n'est pas sans garantir la paroi contre l'eau de la pluie.

La mésange à longue queue et le pinson font un revêtement extérieur en paillettes de lichen et de pellicules de cocons, qu'ils fixent au moyen de la sole de ces mêmes cocons d'araignées. Grâce aux teintes granitées qui en résultent, cette chambrette se confond avec l'écorce des arbres et se dérobe à la vue.

En donnant à son aire beaucoup de largeur, le rapace prépare pour ses petits une table circulaire, sur laquelle il déposera plus tard leurs aliments. Ces oiseaux, en mangeant seuls dès le bas âge, se servent eux-mêmes au fur et à mesure de leur faim. Les éperviers-autours donnent à ces tables une largeur de trente centimètres. Sur l'une d'elles j'ai trouvé, en 1854, un cuissot de levraut, moitié d'une brême qui avait pu peser sept cents grammes, une perche de cinq cents grammes, une grive, deux fauvettes et trois bruants jaunes.

Il faut bien reconnaître aussi que les oiseaux sont préoccupés de la beauté du berceau qu'ils construisent. Beaucoup de passereaux ont des goûts et des yeux d'artistes. Quand on les sort d'une vilaine cage pour les mettre dans une très-belle, ils manifestent leur contentement. Si dans leur cage on leur donne un beau nid et un laid, ils choisissent le premier; s'ils en construisent un, ils obéissent à cet admirable instinct.

Tous les avantages, que procure le nid solidement établi, ne sont cependant possibles qu'autant que celui-ci est d'aplomb.

Son axe doit être toujours vertical, quelle que soit l'inclinaison de la branche à laquelle il appartient.

Tous les observateurs ont constaté que cette règle n'est jamais enfreinte par les oiseaux, et même qu'ils abandonnent leur établissement quand, par suite de la violence d'un orage, il a perdu son équilibre et est resté penché.

J'ai vu des nids qui accusaient de la part du constructeur beaucoup de hardiesse, d'intelligence et d'habileté. Quelques-uns de rouge-gorge, de bruant jaune, de pipit des arbres, de bergeronnette printanière, sur des revers de fossé; et beaucoup de toutes les espèces de sylvains sur des branches diversement inclinées.

Je possède quatre nids de la rousserolle-effarvatte, qui ont été installés sur des branches d'arbustes et des roseaux, dont l'inclinaison variait de quatre-vingt-cinq à quarante-cinq degrés, et dont l'axe était parfaitement vertical. L'un d'eux, ayant été établi sur des branches d'osier, qui avaient une inclinaison de quarante-cinq degrés, l'effarvatte a été obligée de le suspendre comme un nid de loriot.

Enfin, pour le cube et la forme des nids, il est encore des règles fondamentales dont les constructeurs ne peuvent s'écarter.

Il n'est pas nécessaire que la cuvette du nid soit assez grande pour loger complétement tous les membres de la famille, et qu'elle corresponde ainsi par ses proportions au cube qu'ils représentent, quand tous sont à leur taille.

D'abord, à peine sortis de la coquille, la plupart des gallinacés, des palmipèdes et même des échassiers, suivent tout empluchés leur mère, qui les conduit au dehors.

Les rapaces sont également en naissant chaudement habillés ; bientôt vigoureux et hardis, ils se promènent sur toute la surface du nid ; grâce à leur robuste constitution, les héronneaux en font autant. Enfin, quand les jeunes des autres espèces ont avec l'âge pris leurs forces et leurs plumes, ils n'ont plus besoin d'être aussi enfoncés dans leur berceau. On les voit alors atteindre et dépasser la partie supérieure de la cuvette ; aussi, c'est d'après l'élévation du corps de la mère dans le nid que le dénicheur se décide à s'approcher ou à s'éloigner ; si elle montre seulement la tête, il reviendra plus tard, parce qu'alors il n'y a que des œufs ou des petits tout rouges.

C'est surtout par ces diverses raisons que s'expliquent les proportions de la cuvette du nid. On peut en juger par l'état suivant :

	Centimètres cubes de la cuvette.
Pie................................	1500

	Centimètres cubes de la cuvette.
Corbeau-corneille	1220
Milan royal	850
Merle	400
Grive chanteuse	330
Bécasse	200
Loriot	270
Pie-grièche grise	250
Pie-grièche à poitrine rose	170
Pie-grièche rousse	120
Pie-grièche écorcheur	110
Gros-bec	120
Bergeronnette grise	100
Bergeronnette de printemps	90
Fauvette à tête noire	80
Fauvette babillarde	40
Gobe-mouche gris	50
Chardonneret	40
Tourterelle	36
Mésange à longue queue	200
Pic-épeichette	900

Le nid de l'aigle est si large, et surtout si plat, qu'on lui a donné le nom d'aire.

Au contraire, celui d'un oiseau-mouche est si petit que le cube de la cuvette égale à peine celui d'une moitié de la coquille d'une noix ordinaire; il n'est que de quatre centimètres à quatre centimètres et demi.

Après l'élevage des petits, la coupe est plus ou moins déformée.

La forme de la cuvette est également commandée par les circonstances.

Par exemple, avec les angles de nos maisons la construction n'eût été ni facile, ni solide; avec les dispositions d'une demi-sphère tous les matériaux se relient facilement entre eux.

Les tiges filamenteuses des herbes sont fort recherchées pour la construction des nids par les petits oiseaux ; grâce à la souplesse et à la résistance qu'elles ont, surtout dans le sens de leur longueur, elles se contournent facilement de manière à prendre la forme arrondie d'un nid et à avoir la solidité des cercles.

Ces espèces de cercles, en général très-nombreux, enlacés les uns dans les autres, ou reliés entre eux par des matériaux servant d'attaches, ont toute l'adhérence désirable pour former une coupe solide.

Ils se superposent jusqu'à ce que le nid soit fini, et il en résulte que les bords, au moment où le constructeur s'arrête, ont le niveau régulier de la partie supérieure d'une demi-sphère.

Quand la matière principale, comme la mousse, n'a pas de longs filaments, l'oiseau n'est pas moins obligé de monter, l'une après l'autre, chacune des couches du nid, de manière à n'entreprendre la seconde que lorsque la première est finie, et ainsi de suite. C'est, en effet, un moyen de bien faire adhérer de suite, par le bas et par les côtés, la matière qu'il met en œuvre.

De ces diverses dispositions il résulte beaucoup de solidité et de commodité. Dans sa partie supérieure surtout la coupe du nid est contenue par une bordure à laquelle le constructeur a donné tous ses soins, et qui a pour le nid l'importance du premier cercle pour un tonneau.

L'égale hauteur de cette paroi circulaire permet aux père et mère et aux petits de se tourner dans toutes les directions et de jouir partout des mêmes avantages. De plus, le nid proprement dit se trouve toujours, quant à son diamètre intérieur, qui va de bas en haut progressivement en s'agrandissant, être en rapport avec le nombre croissant des œufs et des petits, de telle sorte que les uns et les autres sont constamment ramenés sous la mère qui doit les réchauffer.

Par des applications très-variées de toutes ces règles d'architecture, le nid est assez solide pour résister aux coups de vent, au choc d'une branche voisine, pour servir de retranchement, de bouclier ou de cachette à la mère, de balustrade, de garde-fou aux jeunes oiseaux, que l'impatience précipiterait dehors, de perchoir au moment des arrivées et des départs. C'est le foyer domestique, avec ce qui est utile et agréable aux oiseaux, et ce qui peut assurer leur reproduction annuelle.

§ 3.

TEMPÉRATURE DU NID.

Le froid peut causer la mort des oiseaux. — Moyens qu'ils emploient pour rendre leurs nids suffisamment chauds et secs.

Ainsi que nous l'avons indiqué dans l'introduction, le froid fait en effet parmi les oiseaux jeunes et vieux beaucoup plus de victimes qu'on ne pense. Il en est de très-robustes qui succombent pendant les hivers rigoureux.

Le corbeau, dont j'ai parlé, et qui faisait quelquefois provision de sucre, mourut de froid. Chaque soir il allait s'accroupir sur une cheville de la cour, et chaque matin il arrivait à la cuisine prendre son café au lait.

Or, le 5 janvier 1868, Colas ne frappa pas à la fenêtre : on s'en étonna, on appela, mais en vain, car le pauvre Colas était gelé. Il y avait eu quinze degrés pendant la nuit.

Pendant l'hiver de 1871 à 1872, nous avons eu des froids très-intenses et des neiges très-persistantes. Plusieurs fois mon thermomètre à minima est descendu à dix-huit degrés centigrades au-dessous de zéro. Eh bien ! pendant cette période, et à la suite d'une nuit dans laquelle le thermomètre avait marqué vingt-cinq degrés, on a trouvé dans un village des environs de Saint-Dizier, huit corbeaux qui étaient morts de froid. Dans une ferme de cette ville on a également ramassé quatre pies, un moineau domestique et des bruants jaunes. Un de mes amis, pendant que nous étions en chasse, m'a même apporté un merle qu'il venait de prendre à la main. Combien d'autres faits du même genre n'ont été ni enregistrés, ni connus !

Un jour, j'en parlais à un de mes collègues. Oh ! me dit-il, je connais aussi une anecdote de ce genre. Je la dois à deux collégiens mes cousins. Ils étaient venus passer un jeudi de sortie chez leurs père et mère. Le lendemain matin il fallait partir de bonne heure. A peine faisait-il clair, que le plus jeune sort dans la cour; il rentre aussitôt dans le plus grand silence et en marchant sur la pointe des pieds. Auguste, dit-il, vite, un corbeau sur l'acacia. On court au Lefaucheux et on prend des cartouches. Les collégiens sortent à tâtons. Auguste vise de son mieux. Le coup part, mais le corbeau reste. Il n'y avait donc pas de plomb, crie le plus jeune ; au moins, reprend l'aîné, il aurait dû avoir peur et il n'a pas bougé. Au second coup, même impassibilité du corbeau. Alors, les collégiens éclatent d'un fou rire. Les voisins arrivent. L'un d'eux grimpe sur l'arbre, enlève l'oiseau des branches auxquelles il était accroché, et tous constatent qu'il était gelé comme ceux dont je parlais tout à l'heure et qui avaient été trouvés dans la plaine.

Il est vrai, cependant, que je n'ai pas ouvert les estomacs de ces oiseaux et que je ne sais pas si la faim n'aurait pas contribué à les faire mourir.

Si des oiseaux de la force du corbeau, de la pie, des bruants jaunes, peuvent être gelés, les oiseaux qui apparaissent dans nos pays seulement l'été, et surtout leurs petits, sont à plus forte raison exposés à souffrir du froid. Aussi, les gelées tardives sont-elles mortelles pour beaucoup d'entre eux. Pour justifier ce que j'avance, j'aurais beaucoup de faits à citer. Je me contente de raconter une histoire qui, à elle seule, est assez concluante et qui pour la science est d'un grand intérêt.

C'était le 3 juin 1871. En entendant, à mon lever, les lamentations des vignerons et en jetant un coup d'œil sur le jardin, je compris que nous avions de la glace. Cela n'était que trop vrai, mon thermomètre était descendu à un degré et demi au-dessous de zéro. Pendant la nuit du 3 au 4 il y eut encore un degré. Les 4 et 5, le temps fut brumeux et froid ; une gelée aussi tardive et aussi forte avait dû produire bien des perturbations. J'en gémis comme tout le monde, mais je voulus au moins les mettre à profit pour mes études. Le 3, dès le matin, je pris une échelle et j'allai visiter trois nids d'hirondelles rustiques, qui étaient sous mon hangar. Les quinze petits que j'y avais vus la veille étaient morts. Je les ouvris et je constatai que les estomacs étaient remplis de nourriture ; donc ces oiseaux étaient morts de froid.

Aussitôt je me mis en campagne, dans la ville et dans le voisinage de la vieille tour de l'église et des gros murs de l'ancien château : je n'entendis pas un seul martinet. De là je descendis sur les bords de la Marne ; pendant une marche de quatre kilomètres, je ne vis que deux hirondelles de rivage près des falaises où huit jours avant il y en avait plus de cent. Je coupai une grande branche de saule et je me mis à frapper ces falaises. Alors les hirondelles sortirent de leurs trous. J'en conclus que si j'avais pu frapper ainsi la tour de l'église Notre-Dame, j'aurais également fait envoler des martinets.

Il était onze heures du matin quand je rentrai. Je vis beaucoup de monde. De toutes parts on me confirma mes observations. On m'apporta des hirondelles rustiques et de fenêtre, et des martinets trouvés morts dans les rues. Deux martinets, qui donnaient à peine signe de vie, furent réchauffés près du feu et reprirent leur vol.

Je me rendis ensuite à la ferme de la Vacquerie, située à deux kilomètres de Saint-Dizier. Cette exploitation agricole est admirablement dirigée par M. Martin, lauréat de la prime d'honneur en 1873 ; aussi les oiseaux trouvent là un asile qu'ils semblent beaucoup apprécier. Depuis longtemps M. Martin les considère comme de très-utiles auxiliaires et les protège comme d'autres serviteurs. Je dois ajouter que cet éminent agriculteur est assez aimable pour favoriser mes recherches et que je lui en suis très-reconnaissant.

Chaque année, il y a dans les combles d'un ancien colombier un nid de chouette-effraie, un de chouette-chevêchette dans un trou de poirier, dans le jardin un grand nombre d'insectivores, et dans les écuries de vingt-cinq à trente nids d'hirondelles rustiques. En 1873, j'en ai compté vingt-six. Dans la belle saison, tous ces oiseaux résident là comme s'ils y étaient en cage.

Les chouettes se chargent de la police des souris, le rossignol, les fauvettes, les troglodytes, les bergeronnettes traquent les insectes dans les jardins et près des bâtiments, les hirondelles font la chasse aux diptères. Il en résulte que dans de grandes proportions les pailles et les grains sont préservés des rongeurs, les plantes de leurs parasites, les raisins, les cerises, les abricots, le laitage, le fumier et le bétail des mouches ; et, de plus, le propriétaire a toujours le plaisir de pouvoir contempler de beaux oiseaux et d'entendre chanter autour de lui.

M. Martin m'a dit plusieurs fois : grâce à mes hirondelles, mon bétail est moins tourmenté en été que dans certaines journées chaudes de l'hiver.

Dans aucune autre exploitation agricole je n'ai, il est vrai, constaté autant de nids d'hirondelles rustiques.

Le 3 juin, en allant à la Vacquerie, je m'attendais donc à trouver des victimes de la gelée. Dans les écuries, les nids étaient intacts ; mais sous les hangards, vingt-deux jeunes hirondelles étaient mortes. Je les ouvris et je constatai que les estomacs étaient remplis de nourriture.

De retour à Saint-Dizier, je fis le tour de la ville, et j'observai plusieurs faits du même genre. .

Le lendemain, 4 juin, il y eut à la Vacquerie vingt-quatre hirondelles frappées de mort. Le 5, j'y retournai et j'en trouvai encore cinquante-six, cette fois les estomacs étaient complétement vides.

Voici ce qui était arrivé : cette persistance du froid avait fait rentrer dans leurs cachettes les insectes qui n'avaient pas été gelés. La nourriture était devenue très-rare pour beaucoup d'oiseaux, et ces cinquante-six jeunes hirondelles étaient mortes de faim.

Les 4, 5 et 6 juin, j'ai également constaté que les nids d'hirondelles de fenêtre avaient été atteints, quoiqu'ils n'eussent pour ouverture qu'un trou de deux centimètres cinq millimètres, sur deux centimètres sept millimètres. Sous ces nids, je trouvais les jeunes et même les œufs, que les père et mère avaient jetés au dehors.

J'estime que, pendant ces journées de juin, il est mort de froid ou de faim, à Saint-Dizier et dans les fermes voisines, environ cinq cents hirondelles rustiques et deux cent cinquante hirondelles de fenêtre.

Combien d'autres faits du même genre j'aurais à citer, si, dans cette étude, je ne m'occupais surtout de questions générales, auxquelles il faut bien revenir.

Il est évident, du moins, qu'en matelassant si douillettement l'intérieur de leur nid, certains oiseaux ne font pas acte de sybaritisme.

Grâce à sa forme de demi-sphère, les œufs et les petits se trouvent, ainsi que nous l'avons dit, toujours ramenés et concentrés sous la mère. De plus, les matières de cette première enceinte étant très-chaudes, la chaleur que la couveuse y accumule acquiert et conserve toute l'intensité désirable.

A ce sujet, nous devons encore remarquer que si le fond du nid est très-épais, ce n'est pas seulement pour donner de solides fondations à cet édifice, mais aussi pour favoriser le développement de la chaleur. Les bases si épaisses du nid de la rousserolle-turdoïde empêchent l'évaporation continuelle de l'eau de porter atteinte à ses œufs et à ses petits.

La bécasse évite également la trop grande humidité de la terre, en donnant au fond de sa couche, formée de feuilles bien plaquées, au moins vingt-cinq millimètres d'épaisseur.

Suivant Focillon (*Dictionnaire général des sciences* — au mot *Incubation*), la poule maintient ses œufs à 40 ou 41 degrés de température, et d'après Pouillet, citant John Davy (*Eléments de physique expérimentale*, t. II, p. 664), la chaleur intérieure d'une de nos poules communes serait de 42,5. D'après ces derniers auteurs, celle

du milan	de 37,2
du chat-huant	40,
du choucas	42,1
de la grive chanteuse	42,8
du moineau commun	42,1
du pigeon commun	42,1
de l'oie commune	41,7
du canard commun	43,9

Ces quelques chiffres indiquent assez quelle grande chaleur est nécessaire aux œufs de toutes les couveuses.

La mère, il est vrai, quitte peu ou pas du tout sa couche pendant les moments les plus critiques de l'incubation et pendant les jours qui suivent l'éclosion. Le plus souvent, le père pourvoit à sa nourriture, et même, dans beaucoup d'espèces, il la remplace quand elle est obligée de prendre un peu d'exercice ou d'aller chercher des aliments.

Les matières dont les oiseaux se servent pour conserver et développer la chaleur du nid, sont la mousse, les herbes très-fines, le coton des arbres, le duvet des plantes, la laine, les plumes.

Par suite de la mue, beaucoup de plumes d'oiseaux tombent sur le sol et n'échappent pas aux recherches de ceux qui en ont besoin pour la nidification. Les mères de quelques espèces, comme la buse, s'en arrachent pour en placer sous les œufs et les petits. Le guillemot va même jusqu'à s'en arracher complétement quelques touffes pour bien encaisser son œuf. Il n'en fait qu'un (1).

La chaleur du printemps étant moins grande que celle de l'été, certaines espèces d'oiseaux, comme le moineau domestique, font pour la deuxième et troisième pontes des constructions moins chaudes que pour la première.

On peut juger des différences par les chiffres suivants :

Nid de linotte terminé le 12 avril 1871, 9 grammes.
— 15 juillet, 5 —
Nid de traquet-rubicole terminé le 25 avril 1873, 25 gr.
— 5 juillet, 7 gr.

Il était bon aussi que les nids établis en plein air fussent pénétrables dans une certaine proportion, sans quoi la pluie les eût inondés. L'eau les traversant très-vite, ils sèchent aussitôt. Du reste, la mère protège très-bien le milieu, et souvent la surface supé-

(1) Le canard Eider (*somateria mollissima*) ne niche qu'à la fin de mai, et même en juin et juillet, parce qu'il habite les régions du cercle arctique. A cette époque-là, il ne se contente même pas de branches, d'algues marines et de paille pour faire son nid, il y ajoute pour garniture intérieure une couche de duvet, dont il se dépouille ; de plus, il en place sur les bords du nid une provision assez grande pour qu'il puisse en recouvrir ses œufs comme d'un édredon, quand il est obligé de s'éloigner.

rieure des parois est très-soignée et bien tassée, au point de servir de toit. Le chardonneret y ajoute même du duvet englué.

Quelquefois le nid reçoit une couverture, et il devient alors d'autant plus chaud. En affectant la forme d'une voûte, ou plutôt de la pointe un peu élargie d'une poire, elle acquiert la solidité désirable; elle n'est pas, à la vérité, aussi sphérique que la coupe du nid, mais cela n'était pas nécessaire, puisque l'une et l'autre n'ont pas la même destination.

Cette couverture, dans quelques cas particuliers, aurait donné trop de chaleur, c'est pour cette raison que l'hirondelle rustique, qui, le plus souvent, niche dans nos étables, ne fait pas adhérer son nid au plancher, tandis que l'hirondelle de ville, qui niche en plein air, agit différemment.

En général, dans nos pays souvent froids, où il y a à craindre les gelées tardives, la chaleur était donc très-nécessaire.

Elle l'est moins quand la coquille est assez épaisse pour protéger contre le froid; quand les jeunes naissent suffisamment emplumés, comme les buses; quand l'espèce est robuste, comme l'est celle du héron; quand les père et mère sont bien emplumés; quand le nid se fait dans la saison chaude, en mai, par exemple; quand le nid est placé à peu de distance du sol, comme celui de fauvette.

Pour plusieurs de ces raisons, les plus petits des oiseaux font leurs constructions sphériques, ou nichent dans les trous (ceux surtout qui pondent de bonne heure), tels sont les mésanges à longue queue, le troglodyte, le grimpereau, la mésange-charbonnière, la mésange bleue, la sittelle, les pouillots, les hirondelles. Le moineau niche dans des trous ou fait un nid sphérique, mais il a sa première ponte de bonne heure, et ses petits, en sortant de la coquille, sont complétement nus. La colombe-colombin, qui pond dès le 6 mars, s'établit dans un creux d'arbre.

Les autres oiseaux se contentent d'un nid en forme de coupe, mais, pour les mêmes raisons que ci-dessus, quelques-uns sont épais et chauds, ceux, par exemple, du pinson, du merle, de la grive, de l'accenteur-mouchet, du chardonneret. C'est parmi les passereaux que se trouvent les oiseaux qui ont le plus besoin de chaleur pour leurs nids.

Les gallinacés, les palmipèdes, les échassiers et les oiseaux de proie ont les nids les moins chauds ; en général, les coquilles de leurs œufs sont épaisses, les jeunes naissent couverts de poils, les espèces sont robustes, les père et mère sont eux-mêmes très-emplumés.

Nous avons déjà vu qu'à l'époque des chaleurs, l'œdicnème niche sur la craie ; le petit pluvier à collier, sur la grève ; la sterne, sur l'eau.

VII.

Matériaux et fabrication du nid. — Variétés de ce travail. — Sa durée.

Pour construire, les oiseaux se servent des pieds, de la poitrine, et surtout du bec.

Quelques-uns ont, pour coller, une salive visqueuse.

C'est ordinairement la femelle qui amasse les matériaux et les coordonne. Dans quelques espèces seulement le mâle l'aide à construire.

Elle se met d'abord à la recherche de matières légères, susceptibles de s'agréger facilement à d'autres, pour former une unité nouvelle qui est le nid. Ainsi que nous l'avons déjà dit, celles qui sont employées pour leur solidité, sont les baguettes, les gros brins d'herbe, la terre, la mousse, les feuilles et le crin ; d'autres sont recherchées pour la douceur et la chaleur, tels sont les herbes très-fines, le coton des arbres, le duvet des plantes, la laine, les plumes.

Beaucoup d'entre elles servent, tantôt de matières principales, tantôt seulement de liaison, de complément.

Il était naturel que chaque oiseau choisît les matériaux les plus communs au centre de son exploitation d'éliminateur, ceux qui doivent surtout fournir aux petits les choses dont ils auront le plus besoin. Il arrive ainsi que dès le premier jour de sa naissance l'oiseau se trouve dans le milieu que lui destine la nature.

Cependant, si les matières qui conviennent le mieux à son espèce sont rares, il les remplace par d'autres qui leur ressemblent et qui sont abondantes.

Il résulte de là, que les nids sont variés d'après les espèces, qu'ils apparaissent dans la nature sous une forme très-distincte, et que cependant ils se confondent, autant que possible, avec les végétaux vivants ou morts, de manière à échapper aux yeux des ennemis, et en particulier du dénicheur.

Une première opération consiste à faire les voyages que nécessite le transport des matériaux; il faut autant de voyages que de brins d'herbe et de fragments d'une matière quelconque, quatre cents, cinq cents, huit cents, mille, deux mille, etc.

Il faut choisir les plus gros pour la fondation, de plus petits et de plus doux pour l'intérieur, quelquefois les découper, les superposer, les enchevêtrer, les cimenter, les tasser, les peigner.

Souvent l'oiseau place et déplace un brin d'herbe jusqu'à ce qu'il s'enlace bien dans les autres ; il tire les brins qui s'écartent trop des parois et les replace dans le massif, afin que le nid n'ait pas un air échevelé à l'extérieur, et qu'à l'intérieur il ne soit pas un embarras pour les pieds.

Le nid de la plupart des passereaux se faisant de

bas en haut, à la différence du trou du pic, les matériaux qui offrent quelques aspérités s'unissent déjà solidement, rien que par leur superposition.

Le tassement se fait au fur et à mesure de l'enlacement des filaments, soit par une simple pression de la poitrine, soit par plusieurs chocs donnés avec impétuosité, ce qui provoque un trépignement très-curieux des pieds. Quand il s'agit des premiers tassements, l'oiseau dresse la queue en l'air, appuie la poitrine sur le fond du nid, se soulève en conservant cette position, et, s'aidant d'un mouvement d'ailes, il s'élance et s'abat de toutes ses forces. En cela, il agit comme l'ouvrier qui, au moyen d'une masse, bat une aire de grange.

On comprend que, par des procédés de ce genre, il puisse se rendre compte de la force de résistance des matériaux et de la solidité de l'édifice.

Au contraire, en restant immobile dans son nid pendant quelque temps, il peut calculer, d'après la chaleur qu'il ressent, si le revêtement intérieur est assez bourré, et si les matières employées sont assez séchées.

C'est surtout de trois à quatre heures du matin jusqu'au lever du soleil, que cette expérience est décisive.. La température de ces heures de la nuit guide les oiseaux non-seulement dans ces circonstances, mais aussi pour les grandes migrations d'automne et pour le retour du printemps.

Le plus souvent, le revêtement intérieur se fait en dernier lieu : le constructeur est donc à l'aise pour y donner tous ses soins.

Assurément, il y a pour l'oiseau un grand mérite à chercher, à trouver tous les matériaux nécessaires, les pièces principales du fond, des parois, des revêtements, et ce qui sert à les liaisonner, ensuite à les transporter, à les assembler et à faire en cela ce qui est possible, utile et agréable à son espèce ; mais le constructeur se révèle surtout avec la supériorité de ses instincts, quand il applique si parfaitement quelques règles principales de l'architecture ; ces difficultés ne semblent même pas lui causer de grands soucis.

D'abord, pour commencer son travail, entreprendre les fondations dont dépend le succès de l'entreprise, il est obligé de se livrer à tous les calculs que peut lui suggérer sa petite tête ; cependant la buse, la tourterelle, la rousserolle-turdoïde, les hirondelles d'étang, l'hirondelle de fenêtre, le troglodyte, la pie et le pic, oiseaux dont la tâche est des plus difficiles, commencent leur nid avec tant d'entrain et d'habileté, qu'ils ne semblent nullement effrayés des obstacles qu'ils ont à surmonter. Dans le cours de cette étude, nous aurons plusieurs occasions de faire ressortir l'originalité et l'importance de ce premier travail.

Pour la verticale, voici ce qui se passe. Le plus souvent l'oiseau est au centre de sa construction, il lui suffit de la monter perpendiculairement à son corps ; comme il a autant d'intelligence que de coup d'œil, il ne lui arrive jamais de ne pas équilibrer ses matériaux, et il trouve ainsi l'aplomb du nid.

Pour lui donner la forme intérieure régulièrement concave, il lui suffit de la modeler sur son propre corps : il accomplit cette tâche au moyen d'opérations très-simples ; en pivotant sur lui-même, il fait décrire une ligne circulaire aux matériaux qu'il superpose, enlace et lisse, et en tassant la paroi intérieure avec la poitrine, il lui imprime la forme arrondie de son corps.

Son bec et ses pattes surtout sont comme les pointes d'un compas, en les éloignant ou en les rapprochant, il trouve facilement le demi-diamètre ou le rayon de la coupe du nid à toutes les hauteurs. Cela lui est d'autant plus facile que le bec est également l'aiguille, la pince, qui dirige et place les matériaux, et il se trouve que chaque oiseau a un compas proportionné à ses besoins ; celui du troglodyte n'a que huit centimètres de grande ouverture, tandis que celui du héron en a quatre-vingt-onze. La courbe de la poitrine donne les mesures de l'évasement du nid.

Mais comment l'oiseau fait-il pour trouver l'éloignement nécessaire du bas de ses pieds, qui pivotent au centre de la circonférence de sa construction jusqu'à la hauteur des parois, et par conséquent du bec qui en arrête les bords ? Comment arrive-t-il ainsi à déterminer, d'après les besoins de son espèce, le cube intérieur du nid ?

Là surtout, l'oiseau nous apparaît dans son rôle de machine. En beaucoup de circonstances, il a les allures d'un être libre, capable d'agir à sa guise et de progresser. Là, plus qu'ailleurs, il nous fait voir qu'il n'est toujours qu'une belle, intelligente et bienfaisante machine, et qu'il faut réserver notre plus grande reconnaissance pour Dieu, qui l'a créée. En effet, point de progrès dans le constructeur et dans la construction. La perfection relative est atteinte au premier jour. L'oiseau fonctionne encore aujourd'hui comme à l'origine du monde, après d'innombrables changements dans les habitations des hommes. L'oiseau trouve instinctivement, sans instrument, sans calcul, pour la cuvette de son nid, le cube qui répond le mieux à tous les besoins de son espèce. Une grande taille serait, pour le constructeur homme, une raison d'ouvrir son compas plus que s'il était petit ; mais, chez l'oiseau, l'instinct seul révèle les proportions nécessaires.

La nidification est toujours une œuvre très-intéressante ; il serait surtout bien curieux de voir un pic creuser un trou, un troglodyte construire une voûte : c'est un plaisir que je n'ai pas encore eu.

J'ai été assez heureux, il est vrai, pour constater quelques faits étonnants et qui peut-être serviront à faire voir sous un jour favorable l'intelligente et puissante machine, que l'on nomme oiseau.

C'est surtout dans les circonstances exceptionnelles qu'il faut l'observer et l'étudier.

En effet, combien de difficultés l'ouvrier a parfois à surmonter pour arriver au but ! Ainsi, très-souvent il ne trouve pas à la parfaite convenance de son espèce l'emplacement et les matériaux du nid ; il faut qu'il y supplée par des opérations parfaitement appropriées à toutes les circonstances exceptionnelles qui s'imposent à lui. Par exemple, le merle, qui ordinairement établit son nid à deux mètres environ de terre sur le taillis, niche quelquefois sur le sol ou à la cime d'un chêne, ce qui a donné lieu à l'erreur de ceux qui croient que dans notre contrée il y a deux espèces de merles.

L'an dernier, deux merles virent détruire par un enfant un nid qu'ils avaient construit à un mètre du sol sur des brins de charmes, dans un petit jardin potager, aussitôt, et tout près de là, ils en firent un nouveau sur un chêne, mais à huit mètres de hauteur.

A la gare de Saint-Dizier, j'ai vu dans un angle intérieur du lambrequin d'une marquise, un nid d'hirondelle rustique. Il se trouvait ainsi avoir, en avant, une paroi en terre pétrie et, pour parois des deux autres côtés, le zinc de l'angle du lambrequin : pourquoi ? Probablement parce que le nid ainsi fixé était plus solide que s'il avait été attaché à une surface droite et lisse du zinc.

Il y a cinq ans, les nids d'une colonie d'hirondelles de rivage furent détruits par deux petits vachers. Ces oiseaux en firent immédiatement d'autres dans la même falaise ; mais au lieu de les placer, comme les premiers, à soixante centimètres de profondeur, ils les établirent à quatre-vingt-dix centimètres, un mètre et même un mètre vingt centimètres.

Combien je me suis plu à contempler des nids de troglodytes, ces boules de mousse qui, suivant les circonstances, sont perchées sur des branches de buisson, ou de taillis, ou d'arbre, et surtout dissimulés dans l'anfractuosité d'un mur ou d'une roche, dans les racines d'un arbre arraché par le vent, dans un fagot, et même dans la mousse qui recouvre le tronc d'un arbre ! En ce dernier cas, la mousse de l'arbre et celle du nid se confondent. L'entrée est même protégée par un avant-toit en mousse de même couleur, quelquefois aussi par des feuilles qui servent alors de rideaux et de portière, en sorte qu'un régiment d'enfants passerait à côté sans se douter de l'existence d'un tel logis. Eh bien ! rien n'y manque, pas plus la solidité que le confort et la beauté.

C'est merveilleux ! on trouve ce genre de nid dans les bois élagués où l'oiseau ne rencontre pas la moindre brindille, sur laquelle il puisse construire.

De la même espèce d'oiseaux, j'ai vu, le 15 juillet 1874, un autre nid plus extraordinaire encore. C'était dans une coupe de bois. Le sol était dépouillé de ses taillis, la futaie réservée était très-clair-semée, presque tous les produits de l'exploitation étaient enlevés.

Là, dans une fondrière, deux troglodytes avaient découvert une véritable mine d'insectes, mais ils ne pouvaient y nicher à moins de s'établir sur un sol fangeux. Heureusement, deux chênes, qui avaient été coupés, étaient tombés l'un sur l'autre, et en raison des difficultés de la traction, ils étaient restés dans cet état depuis l'abatage. Or, entre le sol et le chêne, qui, abattu le dernier, était couché sur le premier, il existait un vide. Au-dessus de ce vide, et sous ce second chêne, pendaient quelques rejets de branches, longs à peine de ving-cinq centimètres. Suspendre un nid à ces brindilles à la façon d'un hamac, eût semblé à un homme un acte de folie. Tel ne fut pas l'avis de ces oiseaux. Leur joli ballon de mousse, fixé à ces brindilles et comme suspendu par des fils, il m'a été donné de le contempler au moment le plus critique, quand sept jeunes, en se remuant, devaient le culbuter, s'il n'avait été inébranlable.

Le lendemain de l'envolée, une pluie torrentielle tomba. Désireux de savoir ce qu'était devenue cette intéressante famille, je me transportai près du nid. Personne n'était revenu au logis, mais à cinquante mètres de là, j'entendis les père et mère. A la vue de mon chien, ils manifestèrent de grandes frayeurs, et je devinai ainsi que les petits ne devaient pas être éloignés. Je les aperçus, en effet. Ils étaient blottis dans un vieux nid de merle bien abrité. Dans la crainte de les effaroucher, je m'éloignai aussitôt. Quelques jours après, et par un beau soleil, j'ai eu le plaisir de les voir gambader autour des père et mère et recevoir d'eux les premières leçons de chasse. Un des jeunes sortait-il bredouille d'un buisson, sa mère, pour calmer sa faim ou simplement son impatience, l'amenait près d'un insecte. Quant aux autres, plus adroits ou plus heureux, ils étaient d'une pétulance et d'une joie qui me rappelait mon premier port d'arme.

Le corbeau-corneille croirait manquer à ses devoirs, si, pour donner de l'élasticité, de la douceur et de la chaleur à l'intérieur de sa couche, il ne cherchait des herbes fines, sèches et longues, s'il ne désagrégeait les filaments d'une écorce d'arbre, pour en faire de la filasse, et s'il n'y ajoutait pas un peu de laine ou de poil. A défaut de la soie de lapin ou de lièvre, il se contente du poil de la vache, du cheval et même du sanglier. Les proportions des mélanges qu'il en fait, sont toujours en rapport avec l'abondance ou la variété de la matière employée.

Combien de fois n'ai-je pas trouvé dans les nids quelques loques de nos produits industriels, un chiffon, une mèche de bonnet de coton, un bout de chaussette, de la tresse employée par la buse et le milan; pour garniture intérieure, des paquets de ficelle mis en œuvre par le moineau domestique; des fils de coton et de soie enlassés par des fauvettes, par le rossignol de muraille, par le rouge-queue tithys et par le serin méridional ; de petites feuilles de papier ajoutées par le loriot aux filaments de son hamac ! J'ai vu également du papier dans un nid de pie-grièche grise.

A ces détails j'en ajoute deux autres qui sont également fort curieux.

On sait que nos races de pigeons domestiques proviennent d'une espèce sauvage que l'on nomme le bizet. Eh bien ! un couple de bizets domestiques, qui, en 1872, avaient été élevés dans un des paniers en osier d'un colombier d'une ferme, a cette année établi sur les charpentes d'un avant-toit de la maison un nid tellement beau, que je l'ai placé dans ma collection, et ainsi ces jeunes oiseaux, dont la famille avait été domestiquée sans doute depuis des siècles, ont débuté par une très-remarquable construction.

De même encore deux serins des Canaries, peut-être descendants de ceux qui, il y a plus de trois siècles, ont été importés dans nos pays, furent élevés en cage en 1873. Le 20 avril 1874, on les mit dans une très-grande volière, et sur un buis à deux mètres cinquante centimètres du sol ; ils construisirent, du 5 au 11 mai, c'est-à-dire en sept jours, un nid très-remarquable. Le fond et les parois étaient en herbes tissées, et le revêtement intérieur en plumes. Le grand diamètre de la cuvette était de six centimètres, et sa profondeur de trois centimètres.

Par ces faits et par beaucoup d'autres du même genre cités en ce mémoire, on voit que les oiseaux d'une même espèce font des nids, qui, malgré leur ressemblance, peuvent être établis d'une manière assez différente selon les circonstances. Jamais d'ailleurs il ne s'en trouve deux qui se ressemblent entièrement.

A ce sujet de singulières suppositions ont été faites par M. Pouchet de Rouen (compte rendu de l'académie des sciences — 7 mars 1870.)

M. Pouchet dit avoir remarqué que les hirondelles de fenêtre avaient, dans une rue neuve de Rouen, construit des nids autrement et mieux que dans des rues anciennes. Il est parti de là pour vouloir établir qu'il y a progrès dans la construction de ces hirondelles, et que le progrès architectural de ce genre d'hirondelles marche parallèlement au progrès de la civilisation et des beaux-arts.

Les faits et les principes que nous avons exposés font clairement voir combien est peu fondée cette opinion de M. Pouchet. Deux jeunes oiseaux élevés en cage font très-bien leur nid sans avoir reçu de leçons. Quand ils ont plus d'expérience, ils se tirent sans doute avec plus d'habileté des difficultés qu'ils ont à surmonter ; peut-être aussi quelques-uns s'inspirent-ils des exemples qui leur sont donnés par leurs congénères, mais là au moins doivent s'arrêter toutes les suppositions.

Une dernière indication au sujet de la fabrication des nids.

La période de la construction ou de la restauration varie selon l'aptitude de chaque espèce, l'urgence du travail et l'état de la température.

Les chiffres qui suivent donneront une idée du temps que quelques oiseaux mettent à faire leurs nids. — Je les ai recueillis moi-même.

Hirondelle de rivage — du 3 mai au 17 mai 1868 — quinze jours.

Hirondelle de fenêtre — du 26 avril au 7 mai 1872 — douze jours.

Pie — du 8 au 19 avril 1872 — onze jours.

Hirondelle d'écurie — du 22 avril au 2 mai 1872 — dix jours.

Moineau domestique — du 15 au 25 avril 1872 — dix jours.

Gobe-mouche gris — du 27 mai au 7 juin 1871 — dix jours.

Grive chanteuse — du 16 au 24 mai 1871 — neuf jours.

Pic-épeichette — du 16 au 24 mai 1869 — neuf jours.

Héron-blongios — du 8 au 16 juin 1874 — huit jours.

Busard saint-martin — du 11 au 18 mai 1870 — huit jours.

Loriot — du 17 au 25 mai 1867 — huit jours.

Linotte — du 12 au 18 mai 1874 — sept jours.

Mésange bleue — du 16 au 22 avril 1871 — six jours.

Pie-grièche écorcheur — du 12 au 18 mai 1869 — six jours.

Pie-grièche grise — du 19 au 22 avril 1866 — quatre jours.

Chardonneret — du 21 au 23 juin 1872 — trois jours.

Quand on a enlevé le nid d'un oiseau, celui-ci se remet aussitôt à l'œuvre et en construit un nouveau en aussi peu de temps que cela lui est possible. Le 7 avril 1874, on abattit un frêne au sommet duquel était un nid de pie contenant cinq œufs. Les père et mère en construisirent de suite un autre sur un saule, à cent mètres de là, et, neuf jours après, la mère y déposait le premier œuf d'une seconde ponte. Dans des circonstances analogues des moineaux ont fait un nid en six jours, du 17 au 22 mai 1874.

VIII.

Beauté du nid.

Oh ! le beau nid ! tel est le cri qui s'échappe de la bouche et du cœur de celui qui en trouve un, surtout quand c'est la première fois que cette bonne fortune lui arrive, tel est aussi le cri que nous n'avons pu retenir avant d'arriver à ce chapitre.

Le nid est en effet une des plus intéressantes créations que nous puissions contempler, et, assurément pour l'oiseau, la plus charmante de toutes.

C'est de ce gracieux berceau que partent chaque année d'innombrables auxiliaires de l'homme d'une puissance de locomotion que rien n'égale, chargés d'assurer et de multiplier les bienfaits de l'élimination et d'animer l'univers de leurs grâces et de leurs concerts.

C'est par la savante édification du nid que se révèle toute l'intelligence (1) de l'oiseau. C'est aussi grâce au nid que nous pouvons admirer ce qu'il y a de plus grand et de plus noble dans ses affections, les doux liens de la monogamie, les ardeurs de la maternité, le dévouement conjugal et paternel, les intimes relations de la famille, l'amour du foyer.

Aussi, comme les créations importantes de notre monde, le nid nous apparaît avec les attraits de la beauté. Par ses grâces il lui a été donné de refléter des vérités d'un ordre supérieur. Les charmes de la musique lui viennent encore en aide, car c'est surtout près de ces asiles chéris que les oiseaux s'évertuent à chanter, c'est alors qu'au milieu du silence ou des bruits de la terre nous pouvons admirer leurs mystérieux concerts, entrevoir les beautés de la nature et la grandeur de Dieu.

Le nid a donc été enrichi du don de toucher, de charmer et de favoriser en nous les meilleures aspirations.

Certains détails ne seront peut-être pas inutiles pour mettre en lumière quelques-unes de ces considérations.

---

(1) Ici, comme dans tous les autres passages où nous employons ce mot, nous le prenons dans le sens large et vulgaire, et non dans le sens philosophique et rigoureux. Nous n'avons garde d'attribuer à l'animal ce qui est le privilége de l'homme, la perception de l'universel, ainsi que s'expriment les philosophes.

Ainsi que nous l'avons dit, l'édification du nid est assurément très-intéressante, alors on n'entend ni le roulement si assourdissant des voituriers, ni les coups de marteaux, ni les grincements de la scie. Point d'échafaudage, de chute, de jambe cassée, d'ouvriers ensevelis sous un pan de mur; loin de l'air poudreux des chantiers, dans une atmosphère pure et embaumée, vous voyez, non pas de simples ouvriers, mais des artistes, des artistes récemment mariés et s'évertuant à composer de très-solides et très-gracieux berceaux. Ils sont en habits de fête, ils portent ce que les naturalistes appellent la robe de noce, et le marié à lui seul est capable d'égayer tout le voisinage. Sous le charme de son chant le travail devient léger et s'accomplit avec enjouement.

Chacun des époux s'empresse, surveille ou fabrique, inspecte, rectifie, orne; et, dans les heures si courtes du printemps, quel cœur humain ne s'est laissé toucher par les brillants chanteurs que l'on nomme le rossignol, la grive, l'alouette; ceux même des oiseaux qui n'ont pas été organisés pour être des solistes dans les concerts, s'efforcent de donner à leur voix des accents véhéments et poétiques.

Deux mésanges bleues, je l'ai dit, sont venues depuis plusieurs années nicher dans une statue en fonte de mon jardin. Cette statue, haute de deux mètres, représente une jardinière qui, en élevant le bras gauche, soutient une cruche sur sa tête ; cette statue se trouve en face d'une des fenêtres de mon cabinet. Je ne pouvais donc être plus favorablement placé pour étudier ces oiseaux ; aussi n'ont-ils eu aucun secret pour moi. Tout d'abord, et à mon regard bienveillant pour eux, ils voulurent bien me compter au nombre de leurs amis, et, le 16 avril 1871, ils décidèrent que leur nid serait établi sous l'épaule du bras gauche de cette statue.

Ils avaient vu que les bras, comme le corps, étaient

creux. Il était, il est vrai, difficile de pénétrer jusqu'à l'emplacement choisi, il fallait descendre à soixante centimètres et comme dans un puits, passer par l'orifice du col, qui n'a que trois centimètres de diamètre, traverser le vase, le fond du vase, qui est également très-étroit, et enfin arriver à l'avant-bras ; mais plus c'était difficile, plus cette cachette était pour d'autres impénétrable. On se mit donc à l'ouvrage. Je me demandais si le chef de famille allait donner le bon exemple et travailler. Il n'en fut rien. Il est possible que sa jolie compagne lui ait dit en son mystérieux langage : Je t'en prie, laisse-moi faire, les matériaux ne sont pas lourds, pas éloignés, il me sera très-agréable de les placer, de les enlacer de manière à en faire un joli petit nid.

Ne croyez pas cependant que le mari soit resté dans l'inaction. Perché sur un polonia qui recouvre ma statue, il était sans cesse en observation, tout prêt à donner un signal d'alarme en cas de danger, et puis, il fallait le voir et l'entendre, son plus beau refrain, il le redisait sans cesse avec toute la pureté et tout l'éclat de sa voix ; les notes perlées du rossignol arrivaient-elles à son oreille, il faisait de nouveaux efforts pour se surpasser et mieux accentuer ses sentiments.

Le 18 mai, nous en étions là, l'ouvrière multipliait ses voyages, et portait à leur destination des queues desséchées des feuilles d'un vernis du Japon, quand, de mon cabinet, j'entendis le chanteur pousser des cris de colère et de détresse ; d'un bond, il était descendu, des hauteurs de la poésie, dans les bas-fonds de la prose, et semblait même lancer des jurons et des malédictions. Il était aux prises avec quatre moineaux du voisinage. Je compris de suite le sujet de la querelle. Les moineaux étaient établis sous la chanlatte du toit le plus rapproché, et les mésanges les importunaient. Elles pouvaient plus tard leur faire concurrence pour la chasse aux chenilles, et d'ailleurs elles étaient d'une pétulance agaçante. Vite j'allai chercher une échelle et j'enlevai les nids de moineaux, pensant que de la sorte je ferais déserter ces oiseaux.

En effet, les mésanges ne furent plus inquiétées, elles se calmèrent et se remirent l'une à travailler, l'autre à chanter.

Le lendemain, même cri d'alarme, au lieu des expansions du cœur, des notes aiguës, perçantes, redoublées, de véritables cris de fureur, les mésanges avaient les yeux en feu, les plumes hérissées, et ressemblaient à de petites furies. Oh ! c'était bien naturel ; un vilain chat s'était glissé sournoisement dans un petit coin où l'oiseau allait chercher de la mousse ; blotti et à l'affût derrière une pierre, il était prêt à bondir. L'ayant aperçu, je courus chercher mon pistolet de salon et une cartouche de cendrée et je revins aussi vite. Ai-je été adroit, je ne sais, mais le braconnier ne reparut plus.

A partir de ce moment, mes deux mésanges vécurent en paix, la maîtresse du logis vaquait à ses nombreuses occupations, elle cherchait la plus belle mousse, elle composait de la filasse avec de l'écorce d'arbre, pour relier entre eux les queues desséchées des feuilles et pour matelasser l'intérieur du nid ; elle mettait tout en œuvre pour réussir.

Comme elle était très-occupée, son cher époux lui apportait quelquefois de la nourriture.

Je n'ai pu examiner le nid, puisqu'il était caché dans ma statue de fonte ; sans doute qu'il était parfait, car le 1er juin, à cinq heures du matin, je vis apparaître successivement, au sommet de ma statue, dix jolies petites mésanges.

Quant à notre musicien, jusqu'au 22 mai, c'est-à-dire pendant les voyages si multipliés de sa compagne, il ne quitta pas son observatoire.

Il était d'une joie folle ; sans cesse en mouvement,

il se livrait à des voltiges qui ressemblaient à la danse. Il chantait à gorge déployée. Après la scène du chat, il avait rabattu ses plumes, il les avait lissées, il était redevenu beau, gracieux, et par suite un des ornements de mon jardin.

J'ai plus tard constaté, que pendant l'élevage de leurs petits, ces mésanges me détruisaient par jour douze cents insectes, dont quatre cents chenilles.

C'est donc grâce à ces petits oiseaux que certains légumes ont été conservés et que j'ai pu goûter beaucoup d'excellents fruits.

Un détail bon à noter pour les ornithologistes, c'est que pendant les hivers si rigoureux de 1871 et 1872, les père et mère de ces mésanges ne quittèrent pas Saint-Dizier.

Elles revenaient souvent dans mon jardin. Je les reconnaissais surtout à ce qu'elles descendaient dans ma statue pour visiter leur nid.

Si je me suis laissé aller à raconter cette petite histoire, en tous points du reste très-authentique et très-connue dans ma famille, c'est que vraiment l'oiseau est beau non-seulement en peinture dans une collection, mais encore et surtout dans la nature, au moment de l'édification des nids. Lui qui est à un si haut degré la personnification du mouvement, il ne peut, dans l'inaction, se montrer à nous avec tous les attraits de sa beauté.

Pour donner une idée des variétés de beauté que l'on trouve dans les nids, essayons maintenant d'en décrire quelques types.

Je pourrais, en citant des auteurs, parler des admirables constructions du tisserin à tête d'or, du tisserin-loriot, du mahali, du nélicourvibaya, de l'orthotome à longue queue et de quelques autres espèces exotiques ; mais, pour justifier mes énonciations, il me suffira de prendre quelques exemples dans les contrées que nous habitons.

IX.

Genres et Types.

Considérés au point de vue principal de la forme, les nids semblent comporter trois ordres : le premier ordre comprenant ceux qui ressemblent à une coupe, le deuxième ceux qui sont recouverts et de forme sphérique, le troisième ceux qui sont creusés dans la terre et dans le bois.

Si l'on examine les matériaux dont se compose principalement chaque construction, on trouve encore des ressemblances et des différences caractéristiques et constitutives de genres, et ainsi les genres des nids en baguettes, en herbages, en terre, en mousse, en feuilles.

Ces divisions nous serviront à échelonner et à grouper les types dont nous avons à parler.

§ 1.

NIDS EN FORME DE COUPE.

1° Nids en baguettes.

Héron gris, jean-le-blanc, aigle botté, milan royal, buse, corbeau, gros-bec, tourterelle.

Le premier ordre est celui dans lequel on trouve le plus grand nombre de genres et d'espèces. Les espèces elles-mêmes offrent beaucoup de variétés. Ainsi la cuvette des nids est plus ou moins profonde, la circonférence de l'ouverture est quelquefois un peu allongée. Cette forme légèrement ovalaire qui se voit surtout dans les constructions en baguettes et en terre, s'explique surtout par ce fait qu'ils n'ont pas l'élasticité des nids en mousse et en herbes, et que la mère voulant se ménager des facilités pour couver, prépare un peu de place pour son cou et sa queue.

Parmi les genres du premier ordre il en est un qui attire tout d'abord l'attention, parce qu'il comprend les nids les plus volumineux, les châteaux-forts des aigles, des faucons et des ducs, les grosses constructions en baguettes.

Comment, en effet, à l'aspect d'un nid de héron ou de jean-le-blanc, ne pas être étonné et ne pas désirer quelques renseignements ?

Le 1er mai 1872, j'ai visité beaucoup de nids de héron gris : le diamètre du plus grand d'entre eux était de un mètre ; la cuvette avait en diamètre trente-cinq centimètres, et en profondeur vingt-trois centimètres ; elle contenait quatre œufs.

Le 16 avril 1872, j'ai pu faire mesurer, et j'ai étudié un nid de jean-le-blanc ; son grand diamètre était de soixante-dix centimètres ; la cuvette avait, en diamètre, trente centimètres, et, en profondeur, quinze centimètres ; il ne contenait qu'un œuf.

Ces deux nids étaient en très-fortes baguettes savamment enchevêtrées les unes dans les autres ; l'intérieur se composait de brins plus petits ; dans le nid de héron quelques herbes servaient à les relier ; dans celui du jean-le-blanc, ces herbes étaient remplacées par du feuillage vert. Le premier était sur une branche d'aune, à vingt-deux mètres du sol ; le second se trouvait à trente mètres de hauteur sur un des plus beaux chênes de la forêt du Der ; il était accroché à quatre mètres du tronc de l'arbre, sur une branche qui s'en détachait à peu près à angle droit. De cet observatoire, le jean-le-blanc promenait ses regards au loin dans la forêt ; faisait-il une absence, il pouvait, en s'élevant un peu, voir de trois ou quatre kilomètres ce qui se passait en son domicile et le surveiller.

Deux fois j'ai recueilli des œufs d'aigle botté, d'abord le 16 mars 1863 dans le bois de Chancenay

(Haute-Marne), ensuite le 20 mars 1869 dans la forêt de Trois-Fontaines (Marne), mais ces œufs étaient déposés dans de vieux nids de buse à peine restaurés. Je ne connais donc pas les talents de cet oiseau comme constructeur.

Dans ces genres, je possède aussi un nid de milan royal ; il est d'autant plus beau, qu'il était tout neuf quand je l'ai pris, le 26 mai 1873.

En voici les dimensions :

Largeur totale........	d'un côté...	0,76 c.
	de l'autre...	0,60 c.
Hauteur totale..................		0,30 c.
Cuvette.............	diamètre....	0,20 c.
	profondeur..	0,05 c.
Cube de la cuvette................		850 cent. c.

Les matériaux pèsent six kilogrammes cinq cents grammes. Ils se composent de grosses baguettes ayant un diamètre de un centimètre cinq millimètres à deux centimètres, et d'autres moitié plus petites. Toutes sont admirablement enlacées et crochetées. La cuvette est garnie de poils de cheval et d'un chiffon bleu. Il y avait dans le nid trois jeunes pesant, l'un cent trois grammes, le deuxième deux cent quarante grammes et le troisième deux cent cinquante-cinq grammes.

Sur le pourtour qui forme une table circulaire, j'ai trouvé deux perdrix à demi mangées et un petit chat.

Pour donner une idée plus exacte des constructions en grosses et moyennes baguettes de bois, je viens de désagréger les matériaux d'un nid de buse. Les indications suivantes m'ont été fournies par cette opération.

42 baguettes en chêne desséché, ayant une longueur de vingt à soixante centimètres et en épaisseur de un à trois centimètres .... 685 gr.
56 baguettes moins fortes (en chêne vert)...................... 510
190 baguettes plus petites encore.. 825 } 2.345
12 baguettes de charme et de tremble 55
35 bouts de branches vertes de hêtre.................... 155
82 bouts de branches vertes de bouleau.................. 85
Plaque de terre ayant en diamètre vingt centimètres et à la plus forte épaisseur cinq centimètres 840

} 3.125 gr.

Garniture intérieure. — 120 brindilles de bouleau 65
Écorce, radicelles, lichen, feuilles, fleurs de hêtre 80

} 145

Poussière et résidu provenant de cette démolition.... 280

Total.......... 3.550

Grand diamètre du nid....... 0.75 cent. sur 0.50.
Hauteur   — 0.27
Grand diamètre de la cuvette. 0.25
Profondeur   —   0.11
Cube   —   3,010 cent.

Pour former les fondations et le pourtour, il a fallu quarante-deux grosses baguettes en chêne. A l'intérieur de cette solide barrière, que l'oiseau avait su fixer et équilibrer dans l'enfoncement d'un chêne, ont été placées d'autres branches plus petites, et qui, en raison de leurs courbes et de leurs crochets, se sont parfaitement unies aux premières. Alors ont commencé d'ingénieux mélanges de cent quatre-vingt-dix brindilles de chêne, de trente-cinq de hêtre, de quatre-vingt-deux de bouleau, et de douze de charme et tremble, que le constructeur était allé choisir et cueillir sur les arbres voisins. Ce fascinage a été assez complet pour boucher les trous de la paroi. Grâce à la flexibilité du hêtre et du bouleau, de petits cercles ont été attachés, dans tout le pourtour, et surtout à la partie supérieure, et la cuvette s'est régulièrement arrondie. Alors, on a été chercher de la terre très-compacte, dont on a garni le fond du nid, puis on l'a recouverte d'une composition de terre plus légère, de feuilles et d'écorces. Cette terre a servi de lest au bâtiment et a surtout empêché la chaleur de se perdre.

Enfin est arrivée la dernière garniture, celle sur laquelle devaient être déposés les œufs ; elle a été composée de brindilles en bouleau, et cette espèce de crin végétal a été lui-même entremêlé d'écorces, de racines, de lichens, de feuilles et de fleurs de hêtre.

En y regardant d'un peu près, on voit donc que la buse n'est pas plus bête qu'un autre oiseau : rien de ce qui est nécessaire et utile ne manque à sa vaste construction qui, avec quelques réparations annuelles, est habitable fort longtemps pour le moment de la reproduction.

Parmi les grands et beaux nids en baguettes, nous avons à citer celui du corbeau-corneille.

Le corbeau n'a rien de poétique, et il semble tout d'abord singulier qu'il ait des aptitudes particulières pour l'architecture ; cependant ce nid, qui nous apparaît à la cime d'un chêne comme un petit fagot, est un chef-d'œuvre du genre.

En voici les dimensions ordinaires :

Grand diam. extérieur (des gros brins).	40 cent.
— — (des petits brins).	30 »
Hauteur totale	26 »
Diamètre de la cuvettte.	19 c. sur 19.
Profondeur de la cuvette.	10 cent.
Cube —	1,220 »

Six œufs, formant un volume de treize centimètres

trois millimètres, le cube du corbeau adulte étant lui-même de sept cent quatre-vingt-dix centimètres, la mère peut, pendant vingt jours que dure l'incubation, se cacher et surtout ne pas attirer l'attention de ses ennemis.

Elle peut, avec la même sécurité, recouvrir ses petits jusqu'au jour où ils seront entièrement emplumés.

Sous le rapport de la solidité, cet édifice est à toute épreuve, et il dure des années ; aussi, il est utilisé par les oiseaux de proie, par les buses, les faucons-cresserelles, les éperviers, les moyens-ducs.

J'ai même vu, dans un de ces nids perché sur un chêne, au bord d'un étang, une ponte de canard sauvage.

On sait qu'en cette occasion et dans d'autres cas semblables, la mère prend dans son bec le petit naissant et qu'elle le porte à l'eau.

J'ai connu une cane, qui s'était établie sur une tête de saule, à sept cents mètres d'un étang situé dans la plaine, et assurément le jour où elle a installé son nid, elle a dû prévoir que plus tard (quarante jours après) elle serait obligée de transporter ses petits dans des eaux aussi éloignées ; mais revenons au corbeau.

Il se trouve donc qu'il est l'architecte principal pour beaucoup d'oiseaux. Malheureusement pour lui, son talent est connu, et bien des fois il est arrivé que des cresserelles, ne voyant pas de vieux nids et trouvant très-commode de n'en pas faire, ont chassé le corbeau de sa demeure, recouvert ses œufs de quelques herbes et préparé une place pour ceux qu'ils avaient à pondre. J'ai plusieurs fois constaté ce fait.

Le nid de corbeau se compose à sa base, et dans le pourtour extérieur, de baguettes très-bien enlacées, et à l'intérieur, d'un revêtement en herbes fines parfaitement tassées et lissées. Pour cimenter les baguettes et les herbes, ces oiseaux emploient la terre, l'écorce d'arbre, la mousse; ils y ajoutent, quand ils le peuvent, pour donner de la chaleur, du poil de lièvre, de sanglier, de la laine.

Aussi, quand on grimpe sur un arbre, et que dans cette solide et magnifique coupe, on aperçoit six œufs d'un vert clair pointillé de taches brunes, on jouit vraiment d'un charmant coup d'œil, et on comprend qu'à tous les points de vue cette résidence aérienne soit très-attrayante pour les père et mère et pour les petits.

Remarquons encore que les nids de ce corbeau sont en général sur la lisière, à proximité de la plaine dans laquelle il est appelé à pratiquer l'élimination.

Il n'est assurément pas sans intérêt de savoir ce qu'il faut de matériaux à cet oiseau pour construire un si bel édifice.

En voici le détail d'après une analyse que j'ai faite.

82 baguettes ayant, en diamètre, un centimètre, et en longueur, 0.40 cent...............	580 gram.
90 petites........................	85
Écorces d'arbre découpées en petites bandes et en filaments...........	257
14 très-petites racines d'arbre......	42
55 racines de chiendent............	14
Quelques brins de paille...........	4
Laine.................. 14 gr.	
Poils de vache............ 5	67
Poils de lièvre, de lapin et de chat............... 48	
Mousse........................	4
Ficelle et linge...................	5
Petites boulettes de terre pour attaches...........................	70
Total............	1.128

L'emploi des baguettes n'est nullement incompatible, non-seulement avec la solidité, mais encore avec l'élasticité, la douceur et la beauté du nid; la coupe du gros-bec nous en donne la preuve.

On pourra s'en convaincre en parcourant le tableau suivant :

	Matériaux.	
Fond et paroi.	62 baguettes ayant de 12 à 20 cent. de long.	10.70
	34 racines formant une seconde couche	3.80
	10 baguettes id.	1.20	5
	Lichens	6.60
	60 racines liaisonnant les lichens	2.50	9.10 / 24.80
Garniture intérieure	156 racines très-fines pour la garniture intérieure	2.76
	Total	27.50

Grand diamètre du nid...... 0.12 cent. sur 10
Hauteur 0.08
Grand diamètre de la cuvette.. 0.075 sur 7
Profondeur 0.05
Cube...................... 0.140

La distribution que le gros-bec fait de ces matériaux, est ingénieuse. Soixante et quelques baguettes forment la charpente extérieure, contre celle-ci et à l'intérieur est appliqué un fascinage de racines, qui, en raison de leur flexibilité, prend facilement la forme de la coupe. Vient ensuite une couche de lichens enlassés dans d'autres racines, et la chaleur de l'intérieur est ainsi assurée. Enfin la garniture intérieure se compose de racines très-menues, qui ont l'élasticité et la douceur du crin végétal. En fallait-il davantage pour un gros-bec.

On voit que si les baguettes sont les matériaux obligés des grands oiseaux de proie et autres qui s'établissent sur les arbres, les moyennes et les petites sont utilisées par des oiseaux de faible taille, et tel est parfois le talent des constructeurs qu'ils arrivent avec très-peu de brindilles à assurer l'élevage de leurs petits.

Par exemple, voici un nid de tourterelle que je viens de décomposer.

Il avait en largeur....................	0.18 cent.
en hauteur, de................	0.04 1/2 à 5
le grand diamètre de la cuvette était de......................	0.07
sa profondeur................	0.02
et son cube..................	0.365

Eh bien ! il était uniquement composé de quatre-vingt-dix brindilles de bois si menues, que réunies elles pèsent seulement trente-deux grammes, et que mises au bout les unes des autres, elles ont une longueur totale de treize mètres.

Sans doute qu'à la vue de l'espèce de claie formée de si peu de chose, des corbeaux ont souri de l'ingénuité des constructeurs, et que des enfants ont pensé que c'était un nid commencé ou en ruines.

Est-ce que cette colombe, dont la tendresse se traduit si bien par la grâce des formes et des mouvements et par la douceur des roucoulements, serait moins bien inspirée que les autres mères ? Non vraiment ; et, après un examen attentif, on voit au contraire que cet oiseau s'acquitte de sa tâche avec beaucoup d'habileté.

Il cherche, coupe et rapporte les brindilles de bois qui offrent le plus de courbes et de ramifications. Il y ajoute parfois quelques racines d'herbes ou d'arbres, il les pique les unes dans les autres de manière qu'elles se trouvent ainsi crochetées et qu'elles adhèrent solidement aux branches qui servent de supports.

Quand, pour s'établir, il rencontre plusieurs branches à demi couchées par le vent ou la neige et s'entrecroisant, il s'empresse d'en profiter.

Et la chaleur, dira-t-on !

Les tourterelles sont arrivées dans notre pays

en 1871, le 26 avril ; en 1872, le 20 ; et en 1873, le 22, du moins les premières. Les pontes se font donc tard. Sur douze que j'ai visitées en 1873, quatre seulement ont été faites en mai, et huit en juin. C'est vers le 3 juin qu'elles sont le plus abondantes. Or, à cette époque la chaleur est très-grande, et le nid peut être d'autant moins chaud que la tourterelle ne pond que deux œufs et qu'elle les couvre complétement.

Ce nid, qui de prime abord semble si insuffisant, est donc au contraire très-bien en rapport avec les besoins de la tourterelle. Deux jeunes de trois cent trente grammes y reposent sans danger. Du reste, si parfois cette couche ne semble plus offrir assez de solidité, la mère ajoute des baguettes qui viennent l'épaissir et l'équilibrer. Il se trouve ainsi que les constructeurs arrivent à leurs fins avec le minimum des matériaux et du temps. Ils peuvent, en quarante-huit heures, tout finir, mais quand ils ne s'amusent pas, et il est si doux de roucouler !

2° *Nids en herbes.*

Pie-grièche écorcheur, fauvette à tête noire.

Beaucoup de nids de petits oiseaux sont entièrement composés d'herbes. On y trouve des différences d'épaisseur et de poids, mais toujours le même genre de travail. Pour ces constructeurs, le point capital de l'art consiste à bien fixer les attaches, à courber des tiges et des filaments d'herbe, de manière à former des cercles qui s'enlacent à la façon d'un nœud gordien, qui décrivent des circonférences en rapport avec les diverses hauteurs du nid, et qui par leur nombre fournissent toutes les épaisseurs voulues.

La pie-grièche écorcheur et la fauvette à tête noire nous fournissent deux types en ce genre.

Pie-grièche écorcheur.

	Matériaux du nid.	Poids.
Fond et paroi.	125 gros brins d'herbe....	9 gr.
	84 brins plus petits servant à liaisonner la mousse............	3.60
	Mousse...............	12
	209	24 60
Garniture intérieure.	155 brins d'herbe très-petits pour la garniture intérieure..............	3
		27.60
	Débris et poussière....	6
		33.60

Grand diamètre du nid..........	0.14
Hauteur du nid.................	0.07
Grand diamètre de la cuvette....	0.07 sur 0.075
Profondeur....................	0.045
Cube..........................	120 c.

Cent et quelques brins, assez résistants, d'herbe sont nécessaires à cet oiseau pour former le pourtour de son nid. A cette partie de la paroi il en ajoute une seconde en mousse qu'il enlace dans d'autres brins plus petits. Des filaments du même genre forment la garniture intérieure. De ces assemblages, il résulte toujours une unité très-compacte; une couche aussi chaude que possible. Selon les circonstances, cette pie-grièche, comme ses congénères, varie sensiblement, et les matériaux et leur distribution.

Les nids des fauvettes sont composés de brins d'herbe très-menus avec de petites dimensions et surtout peu de profondeur, ils apparaissent sous la forme d'une coupe gracieuse.

Celui de la fauvette à tête noire, que chacun a pu voir dans un jardin ou dans un bosquet, a en profondeur.......................... 0.04 cent.
Et de diamètre intérieur à l'ouverture 0.07 cent.
Le cube intérieur est de.............. 80 cent.

Les matériaux d'un nid que j'ai analysé, se composaient de 560 brins d'herbe. Pour les liaisonner, les oiseaux avaient employé un peu de mousse, des fragments de feuilles sèches, quelques mèches de laine, du fil gris et une demi-douzaine de crins. Au moyen des crins qui s'enlaçaient avec des tiges d'herbe très-fines, et très-lisses, la surface intérieure avait l'aspect d'un parquet et l'élasticité de notre literie.

Grâce aux attaches, les brins d'herbe se trouvaient parfaitement fixés les uns aux autres et aux branches d'un buisson qui leur servaient de support.

Tout, dans cette construction, répondait aux besoins présents et futurs de la famille.

Cette gracieuse couche était suspendue dans une chambrette de verdure à laquelle la mère se rendait par deux issues. Combien de fois je me suis plu à admirer le touchant tableau de cette mère couvant ses œufs, et des petits recevant la nourriture et les caresses des père et mère.

Le nid de la fauvette-babillarde est encore plus petit et plus gracieux que celui de la fauvette à tête noire. Les différentes espèces d'herbes sont également employées par de grands oiseaux, mais seulement quand ceux-ci nichent sur terre ou à la surface des eaux sur des roseaux ; alors elles sont plutôt superposées qu'enlacées. C'est ce qui se voit dans les nids de perdrix et de poule d'eau.

Généralement les herbes sèches sont les plus recherchées, parce qu'elles sont plus souples, plus filamenteuses, plus chaudes, et qu'elles ne fermentent pas.

3° *Nids en terre.*

Hirondelle rustique et hirondelle de fenêtre.

Dans les généralités qui précèdent, j'ai déjà plusieurs fois parlé des nids d'hirondelles ; mais j'aurais de graves reproches à me faire, si, par une description détaillée, je ne cherchais à justifier l'intérêt que, dans nos contrées, on a toujours porté à ces précieux émoucheurs.

J'ai en ce moment sur une balance 420 grammes de terre et sur une autre 232 grammes (1).

Il y a un an, cette terre était un peu partout à la surface du sol. Quatre hirondelles sont allées la choisir et la prendre, elles l'ont apportée, les unes, sous un avant-toit de maison, les autres sous le plafond d'une écurie. Ces matériaux ont été cimentés et ont formé, ceux-là un nid d'hirondelle de fenêtre (*hirundo urbica*), ceux-ci un nid d'hirondelle rustique (*hirundo rustica*). Il a fallu, pour le premier nid, environ 760 becquées, et, pour le second, environ 420, indépendamment de quelques brins d'herbe qui ont servi à liaisonner les parois, deux grammes de paille très-menue ont été déposés sur la couche de l'hirondelle rustique, et trois grammes sur celle de l'hirondelle de fenêtre.

Si on se contentait de ce calcul de manœuvre, on n'aurait encore qu'une faible idée du talent des constructeurs.

Voyons donc dans quelles conditions ces oiseaux devaient nicher.

Ils ont été créés pour être préposés à la garde de nos fruits, raisins, abricots, prunes, cerises, fraises,

(1) Ces nids comme tous ceux dont j'ai parlé n'ont été décomposés et pesés que plusieurs mois après leur enlèvement, par conséquent, ils pesaient bien davantage au moment de la construction.

et de nos provisions de ménage, viandes, laitages, mets de toutes espèces, de nos fumiers, de notre bétail, de nos bois de construction et des hommes eux-mêmes, et, en effet, ils font une guerre sans trêve ni merci aux insectes aïlés, qui, par leur surabondance, finiraient par nous tourmenter, nous voler sans cesse et nous appauvrir.

De même que ces insectes déposent leurs œufs dans nos maisons, sur nos greniers, près de nos caves, dans les granges, dans les écuries, de même aussi les hirondelles devaient nicher dans ce voisinage. Les hirondelles rustiques, au centre des exploitations agricoles, et les hirondelles de fenêtre, plus particulièrement dans les villes. Telle au moins m'apparaît la spécialité de leur tâche.

Or, creuser un trou comme l'hirondelle de rivage, en trouver un comme le moineau, cela n'était pas toujours praticable. Au contraire, en attachant leurs nids à un mur, comme on accroche une console ou un bénitier, les hirondelles rustiques et de fenêtre pouvaient dans toutes les circonstances assurer leur reproduction.

Il fallait donc, quelquefois à de grandes hauteurs, suspendre et attacher à la surface lisse d'un mur un berceau assez solide pour recevoir et contenir des oisillons incapables de voler, ou des œufs d'une grande fragilité. (La coquille de l'œuf de l'hirondelle de fenêtre ne pèse que dix centigrammes, celle de l'œuf de l'hirondelle rustique va de quinze à vingt centigrammes).

Tel était le problème posé à la mère.

Heureusement elle a reçu de Dieu de merveilleux instincts et, sans le secours de nos démonstrations de géométrie, elle arrive facilement à équilibrer son petit édifice.

Ce qui la préoccupe surtout, ce sont les attaches : aussi la paroi de son nid, qui n'a que de un à deux centimètres d'épaisseur, s'épaissit un peu sur les bords et acquiert de cinq à six centimètres à son point de jonction avec le mur ; et ce qui prouve le raisonnement de cet oiseau, c'est que si, à la hauteur qui lui convient, il aperçoit une rugosité, un petit trou, un clou, une planchette, il s'empresse d'en profiter et donne la préférence à cet emplacement.

La première pierre, c'est-à-dire, la première becquée de terre ne pouvait être posée que lorsque l'oiseau a déterminé les proportions et surtout la hauteur de l'édifice et que de l'œil il en a fixé sur le mur les limites et les lignes. Au fur et à mesure qu'il étage ses lits de terre, il doit s'efforcer, non-seulement de ne pas perdre de vue ces lignes, mais encore de décrire la courbe qui doit fournir le cube intérieur nécessaire à ses petits.

Le cube intérieur du nid d'hirondelle de fenêtre, dont j'ai parlé, était de cinq cents centimètres cubes, tandis qu'à celui de l'hirondelle rustique je n'en ai trouvé que cent trente. La raison de cette différence, la voici : le premier de ces oiseaux, nichant toujours au grand air, fait adhérer le haut de son nid à une corniche ou à l'embrasure d'une fenêtre, de là à l'intérieur des parties anguleuses qui ne servent pas pour la coupe dans laquelle sont placés les œufs et les petits et une certaine élévation qui était nécessaire au-dessus des têtes. Au contraire, l'hirondelle rustique, nichant dans les écuries, laisse un intervalle de dix à quinze centimètres entre le bord supérieur du nid et le plafond, en ayant soin toutefois de monter de trois centimètres les attaches de côté, et il en résulte des proportions qui sont plus que les autres celles d'un berceau.

Ces préoccupations d'architecte n'empêchent jamais ces oiseaux de soigner la maçonnerie.

Il leur faut avant tout de la terre détrempée. S'il pleut au moment de la construction, ils se hâtent d'en prendre dans les rues et sur les routes. Dans le cas contraire, ils vont en chercher sur le bord de l'eau.

Ils en choisissent de très-fraîche pour les premières attaches, parce qu'il faut communiquer beaucoup d'humidité à la pierre ou au bois, afin de produire une parfaite adhérence. S'il leur arrive d'employer de la terre un peu friable, pour la consolider ils en cherchent qui soit plus forte et plus grasse. Pour plus de sûreté, l'hirondelle rustique relie ses matériaux par de nombreux brins de paille. L'hirondelle de fenêtre emploie beaucoup moins de paille, parce que son nid est attaché par le haut aussi bien que par les côtés.

Quand arrive le moment de ménager l'ouverture de son habitation, l'hirondelle de fenêtre prend la mesure de son corps. Généralement elle donne à cette entrée vingt-cinq millimètres de hauteur et vingt-sept millimètres de largeur. Si le nid était en pierre, le moineau domestique ne pourrait y passer, surtout avec sa volumineuse literie et la nourriture des petits, sans s'exposer à tout jeter bas; mais la paroi est en terre, et cet accapareur de nids sait très-bien faire sauter une écaille de l'embrasure et s'installer en maitre.

La maçonnerie étant terminée, il ne manque plus au nid que la literie. La paroi intérieure étant suffisamment polie, quelques grammes de brins de paille en font tous les frais.

Quant à l'extérieur, tout le monde a pu en juger. Les nids ont l'aspect du crépi que les plâtriers nomment rocher et dont souvent ils enduisent et décorent les façades des maisons. Et n'est-ce pas dire que ces nids ont le genre de beauté qui leur convient le mieux ?

Je dois dire, à la louange du ménage, que le travail se fait en commun.

Quelques chiffres compléteront mes observations.

	Hirondelle rustique.	Hirondelle de fenêtre.
Hauteur du nid	0,085 m.	0,11 cent.
Id. y compris les attaches du haut	0,125	
Largeur d'un côté à un autre.	0,17	0,18
Id. y compris les attaches	0,24	
Id. du mur à la façade..	0,095	0,11
Profondeur de la cuvette....	0,03	0,065
Largeur id. ...	0,13	0,09
Cube id. ...	130 cm.	500 cm.
La plus grande largeur du pourtour	0,29	0,34
Poids de la terre	232 gr.	420 gr.
Poids de la paille et des herbes	3	2

Tous ces détails ne sont-ils pas de nature à rendre intéressantes les hirondelles, et si, pour construire leurs nids, elles se montrent si intelligentes, le sont-elles moins, quand il s'agit de faire à tire d'aile la guerre à ceux de nos ennemis qui sont les plus nombreux et les plus insaisissables ?

J'ai souvent vu sourire quand on parlait de chinois qui se nourrissent de nids d'hirondelles. Il est bien certain qu'avec toute la graisse et tous les condiments possibles, un chinois quelconque ne trouverait aucun plaisir à manger les six cent cinquante-deux grammes de terre et les cinq grammes de paille de mes deux nids ; mais les personnes qui ont quelques notions d'histoire naturelle, savent que l'hirondelle dont il est question dans les relations de voyages, est une espèce que l'on nomme *Salangane* (*hirundo esculenta*), et que son nid est composé de matières animales ou végétales : ce point n'est pas encore éclairci. Dans ma collection j'en possède un, qui, séparé de ses scories, pèse dix grammes vingt centigrammes, le cube de la cuvette est de vingt-quatre centimètres cubes ; on voit qu'il en faudrait beaucoup pour faire plusieurs repas.

Les hirondelles de nos contrées ont le mérite de ne pas faire des nids comestibles. C'est fort heureux, car non-seulement ces utiles serviteurs séraient détruits sans pitié, comme cela se voit dans quelques départements du midi de la France, mais on leur laisserait à peine le temps de faire des nids.

Si de ces descriptions l'on rapproche ce que j'ai déjà dit et ce que je dirai encore, du mélange de la terre avec d'autres matériaux, on pourra apprécier complètement le travail des oiseaux qui a le plus d'analogie avec celui de nos maisons.

4° *Nids en mousse.*

Merle et grive, pinson et chardonneret.

La mousse, qui très-souvent est ajoutée comme accessoire aux matériaux des nids, est aussi employée comme matière principale par quelques oiseaux. Le merle, la grive, le pinson, le chardonneret en font un merveilleux usage.

Par la solidité, les nids de merle et de grive ont une certaine ressemblance avec celui du corbeau-corneille ; s'ils n'ont pas comme lui la consistance et l'impénétrabilité d'un coussin, ils offrent la solidité d'une véritable paroi. Le merle et la grive excellent en effet dans l'art de pétrir la terre, de l'étendre et de la polir. En la mélangeant de brins d'herbe, qu'ils contournent comme des cercles et entre-croisent, en la séchant à la température de leur corps, c'est-à-dire à quarante-deux degrés centigrades huit dixièmes au-dessus de zéro ; ils peuvent composer une coupe d'une faible épaisseur et d'une grande solidité.

Dans un tel nid il était facile de contenir la chaleur. Il suffisait de l'y produire et de l'y concentrer au moyen d'une couverture, de même qu'au moyen d'un couvercle on conserve la chaleur d'un potage dans une soupière ; or, le père ou la mère sert tout à la fois de foyer et de couvercle. En entr'ouvrant les ailes, il trouve en largeur le grand diamètre de son corps, et il forme alors une surface d'une circonférence égale à celle de l'ouverture du nid ; de plus, il a, pour favoriser son action, une garniture naturelle de plumes du poids d'environ sept grammes, si c'est un merle, et de six grammes, si c'est une grive.

La solidité et la chaleur suffisaient-elles ? non, il fallait à l'intérieur une surface pour le moins lisse et douce.

Aussi le merle compose une garniture d'herbes très-fines, et il en tapisse si complétement la paroi, que la terre ne se sent plus et même ne se voit plus.

Quant à la grive, elle a recours à un procédé, dont elle seule parmi les oiseaux possède le secret. Elle cherche des fragments de bois mort, elle les pétrit au moyen de sa salive, et elle en dépose une couche sur toute la paroi de terre. Ce léger crépi est aussi poli que s'il était passé sous la truelle d'un plâtrier et offre toute la douceur désirable.

La garniture extérieure de ces deux espèces de nids est de mousses mélangées souvent de feuilles sèches et de brins d'herbe : c'était là un moyen de mieux assurer encore la chaleur de la chambrette, et puis il fallait bien penser à ceux qui la convoitent. Si on pouvait leur faire croire que ce nid est simplement une touffe de mousse, comme il y en a tant dans la forêt, de la mousse et des feuilles mortes accrochées dans une fourche !

Sans doute ces deux espèces de nids se ressemblent beaucoup ; mais ils diffèrent assez pour ne pas être confondus par ceux qui ont le plus d'intérêt à le reconnaître, par les parents, les amis et les ennemis ; d'ailleurs les œufs de ces deux espèces se reconnaissent facilement.

Nous allons traduire en chiffres quelques-unes de ces différences. Je les ai trouvées en décomposant des nids que j'ai pris le même jour, le 10 avril 1874.

Nid de Merle.

	Matériaux.	Poids.
Garniture intérieure.	Herbes très-fines et 34 feuilles.	21 gr.
Fond et paroi.	Terre, brins d'herbe, buchettes et racines..............	149
Revêtement extérieur.	Mousse, brindilles à crochets, tiges d'herbe à écorce rugueuse....................	38
	Poids total......	208 gr.

Nid de Grive.

	Matériaux.	Poids.
Garniture intérieure.	Bois mort du crépi..........	13 gr.
Plafond et paroi.	Terre, brins d'herbe, buchettes, racines, écorce d'arbre.	56
Revêtement extérieur.	Mousse et lichen, brindilles à crochets, tiges d'herbes et écorce rugueuse..........	70
	Poids total......	139 gr.

	Merle	Grive.
Grand diamètre du nid.....	0,17 cent.	0,15 cent.
Hauteur id.	0,15	0,12
Grand diam. de la cuve	0,095 c. sur 0,09	0,087 c. s. 0,085
Profondeur id.	0,065 cent.	0,063 cent.
Cube id.	400 cm.	330 cm.

Il s'en faut assurément que les différences ci-dessus signalées se retrouvent au même degré dans tous les nids de merle et de grive. Ainsi, selon la température de la saison, ces oiseaux donnent plus ou moins d'épaisseur à telle ou telle des trois parties principales de la paroi ; si celle-ci est adossée à une grosse branche ou à un tronc d'arbre, le merle ne la compose de ce côté-là que de la garniture intérieure, et la grive n'y place que ce qui lui est indispensable pour appliquer son léger crépi.

Quoi qu'il en soit des variétés de ces nids, elles sont assez caractéristiques pour nous aider à constater, au moment de la reproduction, la présence de telle ou telle de ces espèces d'oiseaux. Toutes deux sont d'ailleurs très-utiles, on a toujours su apprécier la chair délicate de la grive et du merle, et on commence à estimer les services qu'ils nous rendent comme auxiliaires de l'agriculture. De plus, ces oiseaux comptent au nombre des meilleurs musiciens de la forêt.

Arrivons au pinson et au chardonneret.

Ces joyeux et infatigables chanteurs, qui rivalisent avec les fleurs pour les parures, ne sont pas moins remarquables comme architectes. Aussi ont-ils toujours eu les honneurs de la cage, et sont-ils tout à la fois, l'ornement des forêts, des jardins et des appartements.

Que ne devait-on pas attendre de pareils artistes? Ils ne pouvaient assurément construire comme de vulgaires ouvriers, et en effet ils édifient des espèces de chatelets, qui doivent faire le désespoir de quelques jeunes gallinacés, échassiers ou palmipèdes.

Voyons d'abord quels sont les matériaux, les proportions, le poids et le cube de leurs nids.

Pinson.

Matériaux.		Poids.
Garniture intérieure.	Ecorce filamenteuse des herbes, membranes de feuilles sèches, poils, plumes, laine, duvet de plantes, crin............	5 gr. 15 c.
Fond et paroi.	Mousse, radicelles, brins d'herbe................	12 60
Revêtement extérieur.	Paillettes de lichen et de mousse blanche, fils d'araignée...............	1 85
	Poids total......	19 gr. 60 c.

Chardonneret.

Matériaux.		Poids.
Garniture intérieure.	Crin, radicelles, coton de diverses plantes et surtout aigrettes de chardon	2 gr. 50 c.
Fond et paroi.	Racines et herbes fines, mousse et duvet........	4 40
Revêtement extérieur.	Paillettes de mousse blanche, toiles et fils d'araignée..................	0 45
	Poids total.....	7 gr. 35 c.

	Pinson.	Chardonneret.
Grand diamètre du nid........	0.09 c.	0.07 c.
Hauteur id.	0.07	0.05
Grand diamètre de la cuvette..	0.05	0.046 m.
Profondeur id. ..	0.045 m.	0.03 c.
Cube id. ..	70 cm.^{3}	46 cm.^{3}

Le cube des nids nous indique d'abord que ces oiseaux peuvent se dispenser des grosses attaches et de la terre qui sont employées par les corbeaux, les merles et les grives, aussi ils se contentent de rechercher les brindilles, de très-fines racines et des herbes à écorce rugueuse pour cimenter la mousse des parois et du fond ; mais ils entre-croisent avec tant d'habileté cette mousse et ces attaches, qu'ils en composent un véritable tissu. Le fond et les parois ont, en effet, avec la solidité convenable, l'impénétrabilité d'une étoffe, l'élasticité et la douceur d'un tricot.

Et cependant ce confortable a paru aux père et mère insuffisant. On préparait un berceau, on a voulu la mollesse d'un oreiller. Le pinson cherche des écorces filamenteuses de plante, qu'il désagrége, du poil, de la laine, du duvet de plantes, et il en compose une garniture pour tout l'intérieur. Le chardonneret fait de même, en donnant surtout la préférence aux aigrettes de chardon.

Quelques crins sont enroulés de manière à contenir cette espèce de duvet, qui malgré le tassement tend toujours à se dilater, et il en résulte une surface aussi unie que possible.

Ce n'est pas tout, le pinson, qui ne manque pas plus d'amour-propre que de goût, tient à ce que la façade de son nid porte la marque de ses œuvres. Les brins de mousse y sont si bien alignés, contournés et lissés, que la paroi tout entière ressemble à la toison d'un agneau.

Puis, cet oiseau cherche des paillettes blanches de lichen ou de mousse, et au moyen de fils d'araignée il les fixe et il les dissémine sur la façade qui est d'un jaune verdâtre, de manière à la couvrir d'espèces d'arabesques et de teintes granitiques.

Le chardonneret met moins de coquetterie à décorer l'extérieur du berceau qu'il prépare, mais comme le pinson, il tient à lui donner des teintes qui se confondent avec l'écorce des arbres. Quelques fragments de mousse blanche et des toiles d'araignée lui suffisent.

Ces deux oiseaux ont soin d'enchâsser, dans le massif du nid, les branches qui lui servent de support, il arrive ainsi qu'aux yeux des inexpérimentés, ces charmantes habitations passent pour des nœuds de l'arbre ou des branches.

5° *Nids en feuilles.*

Bécasse, Lusciniole.

Nous avons eu déjà l'occasion de parler de l'habileté du rossignol dans l'art de plaquer les feuilles. Il nous suffira, je pense, pour caractériser ce genre de travail, d'ajouter quelques détails sur les nids de la bécasse et de la lusciniole.

Au sujet du premier de ces oiseaux, je transcris une page de mes notes prises au jour le jour.

Pendant les trois premiers mois de 1869, j'ai vu plusieurs fois, dans une enceinte de la forêt de Trois-Fontaines, une cinquantaine de moyens-ducs, qu'avaient attirés de très-nombreux petits mammifères du genre du mulot ; comme le 17 mars de cette année-là il y avait encore beaucoup de ces oiseaux, j'eus l'idée, en traversant cette forêt, le 17 mars 1874, de visiter cette même enceinte. Selon mes prévisions, je ne vis ni souris, ni moyens-ducs ; mais en revenant à Saint-Dizier, j'eus l'extrême satisfaction de trouver et de pouvoir étudier un nid de bécasse.

J'étais arrivé dans des taillis de dix ans, près d'une fontaine et de la queue d'un étang. Comme j'enfonçais jusqu'à la cheville du pied dans de la terre de bruyères, je me dirigeai vers le sommet du coteau. J'avais à peine fait deux cents pas, qu'une bécasse partit ; elle s'abaissa aussitôt, au lieu de fuir à tire-d'aile derrière les arbres. Je compris de suite qu'elle voulait attirer toute mon attention sur elle, et que je devais être près de son nid. Je m'arrêtai, je fixai les regards sur le sol et j'aperçus en effet, à quelques pas en avant, quatre œufs dans une jolie coupe, composée de feuilles sèches, établie dans une petite cavité, sur une pente légère d'un terrain très-résistant.

A neuf centimètres au-dessus du nid, il y avait une tige de ronce desséchée, d'un diamètre de quinze millimètres et qui apparaissait comme l'anse d'un panier. La bécasse entrait d'un côté et sortait de l'autre. Cette petite branche, d'une longueur de soixante-dix centimètres, aboutissait à droite et à gauche à un tremble et à un saule de l'âge du taillis. Huit autres brindilles du genre de la première, amenées en avant et en arrière de cette ligne, complétaient les obstacles des abords de cette résidence.

Presque au milieu du bouleau et du saule se dressaient deux autres petites ronces très-vivaces et couvertes de feuilles vertes.

La cuvette du nid avait, à la partie supérieure, un diamètre de douze centimètres, en profondeur quatre centimètres, et pour cube intérieur deux cents centimètres ; l'épaisseur était pour le fond de vingt-cinq millimètres, et pour les parois de deux centimètres à la base et de deux ou trois millimètres au point le plus élevé.

Le 5 avril, c'est-à-dire dix-huit jours après, j'y retournai ; les jeunes étaient éclos et partis. Je pus donc sans inconvénient prendre le nid, en désagréger toutes les parties et constater ce qui suit :

Il y avait quatre cent trente feuilles sèches de chêne et de tremble. Elles avaient été plaquées les unes contre les autres, ramassées à terre au moment de leur emploi, et alors un peu mouillées et très-flexibles, elles s'étaient prêtées facilement à cette opération. Elles avaient été du reste reliées par leurs queues et par quelques brindilles de bois et de mousse, et il en était résulté un feutrage d'une certaine adhérence.

Tous ces matériaux pesaient quarante-neuf grammes.

Voyons maintenant la signification de ces détails.

Le nid était tout près d'un sol marécageux, dans lequel les petits ont trouvé de suite une nourriture facile et abondante.

Placé sur un terrain sec, ferme et en pente douce, il a échappé aux filtrations de l'eau.

Entouré de petits obstacles, il a préservé la mère de toute surprise et détourné l'attention et le passage de quelques ennemis.

Recouvert d'une branche de ronce de vingt-cinq millimètres d'épaisseur, de deux autres plus petites, pourvues de feuilles vertes, il a échappé à l'œil investigateur des rapaces.

D'ailleurs, l'oiseau, le nid et les œufs ont une teinte grisâtre, qui est bien faite pour tromper les observateurs les plus attentifs.

Si la mère, comme attachée à ses œufs au plus fort de l'incubation, se laisse approcher de trop près, elle use du stratagème dont j'ai parlé et qui lui réussit presque toujours.

Le nid, établi dans un trou de terre, avait toute la solidité possible. Composé d'un feutrage de feuilles sèches, il était d'une douce élasticité, le fond ayant vingt-cinq millimètres d'épaisseur, la couveuse pouvait développer et concentrer sur ses œufs une chaleur de quarante et un degrés environ, malgré l'époque peu avancée de la saison.

Cette jolie coupe, qui avait tout d'abord attiré mes regards, frappa donc bien vite mon esprit, et je me complus à réfléchir sur ces admirables manifestations de l'amour maternel d'une bécasse.

Et n'est-il pas vrai que les nids les plus simples sont encore extrêmement intéressants ?

Si j'ajoute quelques mots sur la lusciniole (*lusci*-

niopsis), qui n'est, pour nos contrées, ni un oiseau sédentaire, ni un oiseau de passage, c'est parce que son nid est aussi remarquable que rare. En 1871, j'en ai reçu un de M. Garnier, conservateur honoraire du Musée de Poitiers, décédé en 1873, et c'est à l'obligeance de ce correspondant si regretté, que je dois de pouvoir le décrire.

En voici d'abord les principales proportions, le cube et le poids.

Grand diamètre du nid......	0.09 c.
Hauteur id.	0.07
Largeur de la cuvette	0.05 sur 0.06
Profondeur id.	0.038
Cube id.	80 cm.³
Poids total............	12 gr. 50 c.

Or, ce nid est composé de feuilles de roseaux, longues de 0,10 à 15 c. et larges de 0,03 à 0,02 c.; ces feuilles ont été régulièrement courbées comme des cercles et plaquées les unes contre les autres. L'ingénieux enfoncement de chaque pointe des feuilles dans le premier assemblage, dans la seconde et dans la troisième épaisseur, et quelques rugosités de ces feuilles ont suffi pour qu'elles s'unissent complétement les unes aux autres et pour former une coupe assez solide ; n'est-ce pas admirable ?

L'envoi de M. Garnier était accompagné d'une lettre dans laquelle je trouve le passage suivant : « Le nid
« et les deux œufs que je vous adresse viennent des
« marais de Coucoury, à sept kilomètres de Saintes
« (Charente-Inférieure).

« Vous remarquerez que les deux œufs ne se res-
« semblent pas. Il me paraît probable qu'ils appar-
« tiennent, l'un à l'oiseau que M. Gerbe nomme lusci-
« niole et l'autre à la lusciniole fluviatile. La dif-
« férence des nids est insaisissable. Depuis trois ans
« que les oiseaux dont il s'agit ont été découverts

« dans 2,400 hectares de marais, on a toujours pris
« des œufs de deux grosseurs. Cette année, au mois
« de mai, on est parvenu à tuer sept oiseaux mâles et
« femelles : tous se ressemblaient. Ils sont parfai-
« tement décrits dans Degland sous le nom de *Cettie*
« *luscinoide,* et dans Temminck, troisième volume, sous
« celui de *bec-fin des saules.* Les nids sont placés à la
« base des touffes de roseaux dans des fourrés
« presque inabordables. L'oiseau est la plupart du
« temps invisible au milieu des plantes aquatiques ; il
« se glisse dans son nid comme une souris. Le mâle
« et la femelle couvent alternativement. Le chant du
« mâle a du rapport avec celui de la locustelle
« tachetée, mais il est beaucoup moins prolongé ».

6° *Nids en herbes aquatiques et en joncs.*

Rousserolle-turdoïde et rousserolle-effarvatte, morelle et poule d'eau,
canard, sterne-épouvantail, sterne-moustac et sterne-leucoptère.

Cette étude de la lusciniole nous amène à parler de
quelques nids qui se trouvent sur les eaux ou sur leurs
rives. Il s'en faut qu'ils soient aussi artistement faits
que celui de cet oiseau, mais ils conviennent parfaitement pour la reproduction de chaque espèce, et
ainsi ils sont encore très-remarquables.

Si, pour nicher sur les arbres, sur les maisons, et
sur la terre, il faut, comme nous l'avons vu, beaucoup
d'habileté, il y a également sur l'eau de grandes difficultés à surmonter.

Les bords des étangs et des rivières sont souvent
furetés par des animaux de tous genres et par les
hommes. Si tous les oiseaux d'eaux y avaient établi
leurs pontes, ils auraient risqué d'être sans cesse dé-
rangés et même détruits, et d'ailleurs ils auraient été
souvent trop éloignés du centre des éliminations dont
ils sont chargés.

Un certain nombre devaient donc nicher à la surface même des eaux.

On pouvait dans quelques circonstances profiter d'une butte de terre s'élevant au-dessus de l'eau, d'une loge de canardier, d'herbages et de joncs amoncelés, d'un morceau de bois échoué, mais ce sont là des ressources exceptionnelles.

Le moyen le plus naturel et le plus généralement pratiquable était d'attacher le nid à des roseaux ou à des joncs.

Aussi c'est à des roseaux que les rousserolles suspendent leurs berceaux, et la morelle et la poule d'eau, qui sont des oiseaux très-lourds, construisent des espèces d'esquifs qu'elles amarrent au moyen de joncs et autres plantes aquatiques. Les sternes ou hirondelles d'étang font de même.

La terre et les baguettes ne pouvant, dans ces circonstances, être utilisées, ces nids, par la nature de leurs matériaux, appartiennent aux genres des fauvettes et des pies-grièches, de la bécasse et de la lusciniole; mais sous d'autres rapports ils en diffèrent trop, pour que nous omettions d'ajouter certains détails à ce que nous avons déjà dit.

Voici d'abord quelques chiffres que j'ai obtenus en pesant et en mesurant deux nids de rousserolle :

	Rousserolle-turdoïde (*sylvia turdoïdes.*)	Rousserolle-effarvatte (*sylvia arundinacea.*)
Diamètre de la cuvette...	0.06	0.05 sur 0.45
Profondeur de la cuvette..	0.65	0.045
Diamètre du nid	0.10	0 07
Hauteur id.	0.13	0.085
Cube id.	130 cm.^{3}	50 cm.^{3}

Rousserolle-turdoïde.

Fond et paroi.	Feuilles desséchées de joncs, De roseaux et de plantes aquatiques, Duvet végétal.	25 gr.
Garniture intérieure	Herbes fines et têtes de roseaux	11
	Poids total........	36 gr. »

Rousserolle-effarvatte.

Fond et paroi.	Tiges et petites racines d'herbes, coton végétal........	5 gr.70
Garniture intérieure.	Herbes très-fines...........	3
	Poids total......	8 gr.70

Quelques explications sont le complément nécessaire de ces chiffres et de ces faits.

La plus grande préoccupation de la turdoïde a été assurément de suspendre solidement le nid qui devait recevoir ses œufs plus lourds que l'eau et ses jeunes dont les pieds ne sont nullement palmés.

Or, ce berceau, pesant trente-six grammes, avait à porter cinq œufs du poids de quinze grammes environ, plus la mère de vingt-neuf grammes. Les petits arrivant à leur grosseur, ce poids devait aller à cent soixante-quatorze grammes cinquante centigrammes, et même avec la mère à deux cent trois grammes cinquante centigrammes.

C'était là un fardeau beaucoup trop lourd pour un roseau ; il fallait en trouver au moins trois, également éloignés les uns des autres, comme le sont les angles d'un triangle équilatéral et capables par cela même de supporter et d'équilibrer trois points correspondants de la conférence du nid.

Il fallait ensuite trouver à une hauteur de trente à cinquante centimètres, c'est-à-dire là où les tiges ne sont ni trop rapprochées de l'eau, ni trop flexibles, des feuilles de roseaux formant crochet ; le plus souvent on n'en rencontre pas de pareilles à la même hauteur sur trois tiges aussi rapprochées.

Enfin, pour placer les premières attaches de la fondation, la turdoïde ne pouvait s'aider d'un échafaudage quelconque, même d'une branche. Il fallait, pour un travail aussi important que cet oiseau posât ses pattes sur la tige si mobile d'un de ces roseaux de manière à se tenir à peu près droite.

Eh bien ! il n'est nullement arrêté par ces difficultés.

Après avoir choisi, autant que possible au centre des éliminations qu'il prévoit, les trois, quatre, cinq, six ou sept tiges de roseaux auxquelles il attachera les bords de son nid, il va chercher parmi les feuilles desséchées, des joncs, des roseaux, et de graminées aquatiques celles qui sont longues de vingt à trente-cinq centimètres et qui ont le plus de souplesse, il les mouille, les unit, pour en former une mèche assez compacte, les place à la hauteur voulue sur un crochet formé par une feuille, les roule fortement autour de la tige d'un roseau, les dirige ensuite sur la tige voisine qu'il enroule également. En recommençant plusieurs fois avec le plus grand soin cette première opération il rattache les unes aux autres les tiges des roseaux, comme on le ferait avec une ficelle ou plutôt une mèche de chanvre.

En continuant ainsi de bas en haut ce genre de travail, il arrive à tresser les parois du nid, comme un vannier, une corbeille. Les tiges des roseaux n'ayant pas toujours à point des crochets comme il en faudrait, la turdoïde englue de sa salive les herbes qu'elle roule autour des tiges et les fait ainsi très-bien adhérer.

A ces ligaments des parois et surtout du fond sont également collées des herbes aplaties et des feuilles, qui forment ainsi une espèce de cartonnage. Enfin, et pour que ces mélanges ne laissent rien à désirer, la turdoïde y ajoute un peu de coton qu'elle cherche sur les végétaux les plus rapprochés.

C'est sur cette paroi d'un poids de vingt-cinq grammes, qu'est posée la garniture intérieure, composée de onze grammes d'herbes très-fines et des panicules soyeuses des roseaux.

Si pendant la construction quelques attaches ont eu l'air de faiblir, on les a multipliées d'autant plus, et il arrive ainsi que certains nids ont vingt-deux et même vingt-cinq centimètres de hauteur. Du reste, tous sont relativement profonds et épais. Il en résulte que les œufs et les petits ne sont pas exposés à souffrir de l'évaporation des eaux et à tomber, quand bien même les roseaux seraient très-agités par le vent. Le bord supérieur ayant, en raison de la flexibilité et de la mobilité des roseaux, l'importance d'un cercle, est tressé et renforcé comme le haut d'un panier.

Tout est donc mis en œuvre pour que le berceau de la turdoïde, quoique suspendu au-dessus de l'eau, en plein étang, ait autant de solidité que d'élasticité et de chaleur.

S'il n'y a pas de roseaux sur un étang, ce qui arrive quand il vient d'être mis en eau, la turdoïde va, comme les fauvettes, planter son nid sur un buisson des rives et surtout de la chaussée.

La construction de l'effarvatte ne diffère sensiblement de celle de la turdoïde que par le volume, le poids et la grosseur des matériaux. L'effarvatte fait même preuve, dans certaines circonstances, d'une très-grande habileté. Fréquentant le plus souvent les rives des eaux et les petits canaux, elle niche assez souvent sur un arbuste, sur des branches qui penchent au-dessus d'une rivière; alors elle fait des prodiges d'équilibre. J'ai vu des nids reposer tout à la fois sur une brindille de buisson et sur un roseau diversement inclinés, d'autres qui étaient suspendus comme celui du loriot.

L'esquif de la morelle ne se construit pas non plus sans peine et sans de graves préoccupations.

Les joncs ayant moins de densité que l'eau, restent à la surface d'un étang, mais ce n'est qu'en en superposant un certain nombre qu'on obtient de l'élévation. Il en faut même de deux à trois cents pour supporter, à une hauteur convenable, une morelle et ses œufs, soit un poids de douze cents grammes, cinq cent quarante grammes pour quinze œufs et six cent soixante pour la mère.

Or les joncs (*scirpi*) du nid, dont je donnerai plus loin l'analyse, pesaient, complétement séchés, quatre cent soixante-dix grammes ; ils s'élevaient à treize centimètres au-dessus de l'eau, et comme la cuvette avait six centimètres de profondeur, il y avait entre le niveau de l'eau et les œufs une épaisseur de sept centimètres.

Des tiges de ces joncs, longues de soixante-dix à quatre-vingts centimètres et ayant un diamètre d'un centimètre, avaient été arrachées par l'oiseau, amenées les unes sur les autres et reliées entre elles par leurs racines, leurs feuilles rugueuses et détrempées. Sur un bout renforcé de ce radeau avaient été disposées d'autres feuilles de ces joncs destinées à la cuvette du nid, ces dernières, desséchées, souples et flexibles, avaient été superposées, croisées et contournées de manière à former des bords assez solides et assez élevés. L'espèce de queue de ce radeau servait de rampe pour monter et pour descendre.

Si un pareil esquif avait été simplement placé à la surface même d'eaux dormantes, le vent l'eût poussé d'un bout de l'étang à l'autre. Il en serait résulté un éloignement du centre des éliminations à la charge de la morelle, une exhibition fort dangereuse, quand passent le busard-harpaye et le milan noir, et même une culbute.

Aussi, la morelle avait eu soin de le construire au milieu d'un buisson de joncs, en sorte que les joncs du pourtour du nid servaient d'amarres.

Quand il y a une grande profondeur, le nid est enchâssé dans un massif de roseaux.

Dans ces massifs de joncs et de roseaux, la morelle trouve non-seulement des attaches et un abri pour son nid, mais encore des graines et des insectes, dont elle est chargée d'empêcher la trop grande multiplication.

Dans un étang qui vient d'être mis en eau, il n'y a pas encore de végétation, aussi on n'y voit pas les insectes, ni les petits animaux qui vivent de plantes aquatiques. C'est pourquoi les nids de morelle y sont très-rares.

Par celà même que cet oiseau construit à la surface d'un étang, il plonge et disparaît facilement dans l'eau, à l'approche d'un oiseau de proie. Il a même le talent de ne reparaître que dans les herbages, de laisser son corps entièrement submergé, de ne sortir que la tête et d'attendre ainsi que le danger soit passé. En même temps, il pousse une note d'alarme et met en éveil tous les voisins.

Avec des préoccupations du même genre, la poule d'eau construit un nid, qui a quelque ressemblance avec celui de la morelle.

Pour en composer le fond, les parois et la garniture intérieure, elle cherche et arrache au besoin des feuilles de joncs. Etant moins lourde que la morelle, elle ne se croit pas obligée d'en réunir les tiges pour les fondations. Elle cherche ordinairement une touffe de joncs bien enracinés, dans des eaux peu profondes et offrant beaucoup de résistance. Au milieu de cette touffe, elle emboîte ses premiers et plus gros matériaux. Ensuite elle place et plaque les unes sur les autres, des feuilles de joncs et d'arbre. En les mouillant et en les pressant, elle obtient une certaine adhérence. Les feuilles de joncs composant les parois, sont croisées et contournées de manière à donner toute la solidité désirable. Les plus minces et les plus souples sont naturellement réservées pour l'intérieur.

Ce nid, construit sur pilotis, comme celui de la morelle, se trouve ainsi fixé au sol et ne bouge pas plus que la touffe de joncs avec laquelle il fait corps.

Il est bon de remarquer que les nids de morelle et de poule d'eau ne sont faits que pour la période de la ponte et de l'incubation. A peine éclos les petits vont à l'eau. Plusieurs fois, j'ai pris dans ma main des œufs qui s'agitaient, les petits faisaient de nouveaux efforts, ouvraient la coquille, se sauvaient, s'élançaient à l'eau, se mettaient à nager et même à plonger. Ils étaient alors d'autant plus intéressants, qu'ils ont l'avant de la tête orné de plumes d'un rouge vif.

A ces considérations j'ajoute les chiffres de deux analyses.

	Morelle (*fulica atra*).	Poule d'eau (*Gallinula chloropus*).
Diamètre de la cuvette	0.19	0.13 s. 12
Profondeur	0.06	0.05
Largeur du nid	0.35	0.23
Hauteur du nid	0.25	0.15
Hauteur du nid au-dessus de l'eau	0.13	0.12
Hauteur du nid en-dessous de l'eau	0.12	0.03
Longueur de la rampe	0.50	»
Cube de la cuvette	1080 cm.^{3}	320 cm.^{3}
Poids total du nid	470 gr.	65 gr.

Les nids de canards ressemblent d'autant plus à ceux de la morelle et de la poule d'eau, que le plus souvent ils sont établis sur des touffes de joncs, sur les bords ou à la queue des étangs.

Il importe seulement de signaler certains faits nouveaux que j'ai pu constater.

De très-jeunes canards des espèces du nord, connues sous les noms de souchet, *anas clypeata*, Boie ex Linn. (canard spatule); siffleur, *anas penelope*, Linn. Pilet, *anas acuta*, Linn (canard à longue queue), ont été tués sur les étangs du Der, au 1er août de 1866 et de 1867.

J'ai eu connaissance d'une ponte de pilet, qui datait du 30 avril 1870.

Nous voyons également, en été et même chaque année, des nichées d'une espèce du midi, appelée nyroca, *anas nyroca*, Boie, (sarcelle d'Egypte). Les deux dernières pontes que l'on m'a indiquées dataient, l'une du 28 mai 1873, l'autre du 30 mai 1874.

La première avait été prise par un canardier, dans une loge de l'étang de Lahore. Les douze œufs dont elle se composait furent pris et confiés à une cane domestique. Les petits éclorent très-bien, mais ils avaient des instincts de sauvagerie si développés, qu'à la première excursion dans le ruisseau voisin, deux y restèrent. Au bout d'une semaine, tous avaient quitté la mère pour vagabonder.

La grande sarcelle ou sarcelle d'été, *anas querquedula*, Linn., niche également sur nos étangs.

Il se trouve ainsi que pour ces canards du nord et du midi, nous sommes à la limite extrême des régions qu'ils habitent plus particulièrement en été.

Nous avons vu que les forces de l'élimination ont été créées et distribuées dans la nature, de manière à pouvoir, dans toutes les circonstances, modifier, régulariser et rendre plus profitable à nos intérêts les productions végétales et animales.

Or, si, pour pratiquer et régulariser les éliminations sur les eaux et sur leurs rives, il n'y avait eu que des échassiers du genre de la morelle et de la poule d'eau, des palmipèdes comme le canard et quelques passereaux, les graines, les œufs, les larves d'insectes et les animaux naissants n'auraient pas échappé à leurs recherches, mais les insectes ailés n'auraient pas été suffisamment contenus et ils se seraient multipliés au point de rendre inabordables les étangs et les terres marécageuses.

Autour de nos maisons et des petits cours d'eau, dans la plaine, sur les lisières des bois, les hirondelles d'écurie, de fenêtre, de rivage et les martinets font la police des insectes ailés ; mais dans les contrées où il y a des groupes d'étangs ou de marais, ces agents, quoique nombreux, sont insuffisants, il leur faut des auxiliaires, ou plutôt ils devaient être remplacés par des éliminateurs plus puissants.

Aussi dans la région des étangs du Der situés à la jonction des départements de la Marne, de la Haute-Marne et de l'Aube, voyons-nous chaque année, et quelquefois en très-grand nombre, des oiseaux que les savants nomment sternes et guifettes et qui sont connus dans ces pays-là sous les noms d'hirondelles de mer, de marais ou d'étang.

Dans un catalogue de la faune de l'Aube, daté de 1843, un de mes savants correspondants, M. Ray, conservateur du musée de Troyes, a signalé dans l'Aube la présence de la sterne-épouvantail (*sterna nigra* Linn.) pendant tout l'été.

En 1864, au congrès de Troyes, j'ai avancé que j'avais découvert l'espèce dite moustac (*sterna hybrida*. Gray ex Pallas) dans la région du Der et qu'elle devait y nicher. On ne me ménagea pas les objections, parce que mon assertion n'était nullement en rapport avec ce que les naturalistes ont écrit à ce sujet. Je tins donc d'autant plus à vérifier et à confirmer ce fait.

Or, en 1867, 1868, 1871, 1872, 1873 et 1874, j'ai visité plusieurs étangs de Giffaumont (Marne) et j'y ai vu chaque fois des nids de l'épouvantail et de la moustac.

En 1872, j'ai même été assez heureux, ainsi que je l'ai dit, pour trouver une magnifique ponte de sterne-leucoptère. Le nid de cet oiseau ressemblait extrêmement à celui de la moustac.

En jetant un premier coup d'œil sur ces constructions, on se demande comment elles peuvent inspirer assez de confiance aux père et mère ; mais ceux-ci se font une juste idée de la force de résistance des matériaux et ils savent n'en employer que le moins possible, sans compromettre leurs œufs et leurs petits.

Ils commencent par s'assurer que tel amas de vieux joncs est bien amarré et assez solide et compacte pour servir de fondation. Quand des touffes de plantes aquatiques et vivaces leur offrent le même avantage, ils s'en emparent. Je n'ai pas encore vu un nid flottant qui fût sans attache. Il est vrai que le plus souvent elles ne sont pas apparentes et que pour les sentir il faut enfoncer les bras bien avant dans l'eau.

Il est bon que cet emplacement ne soit pas éloigné d'un groupe de roseaux ou de joncs, afin de n'être pas trop en évidence ; de même qu'il ne doit pas être d'un accès difficile, parce que ces oiseaux ont besoin d'espace pour prendre leur vol. Une épouvantail que j'ai mesurée avait de taille vingt-quatre centimètres cinq millimètres, et d'envergure, soixante et un centimètres trois millimètres, en plein vol elle couvrait une surface de trois cent quatre-vingt-trois centimètres carrés. Le mesurage d'une moustac m'a donné, au lieu de ces chiffres, les suivants : vingt-huit centimètres cinq millimètres pour la taille, soixante et onze centimètres cinq millimètres pour l'envergure, et cinq cent quarante-quatre centimètres carrés pour la surface ; le premier de ces oiseaux pesait soixante-sept grammes vingt-cinq centigrammes, et le second quatre-vingt-sept grammes vingt-cinq centigrammes.

Les difficultés de l'emplacement étant résolues, les transports commencent. Ce n'est pas là une fatigue pour l'épouvantail, car ses matériaux ne pèsent que cinquante-deux grammes quand elle les prend mouillés, et neuf grammes seulement quand ils sont séchés.

Un nid de ce genre, qui me semblait en caractériser beaucoup d'autres, était composé de cinquante-deux brins d'une plante aquatique nommée Potamot (*Potamogeton crispus*).

Reliées entre elles par douze vieilles feuilles filamenteuses de roseaux, les branches de Potamot étaient elles-mêmes sinueuses, garnies de nombreux embranchements et de feuilles tuyautées ; tous ces matériaux étant mouillés, croisés, enlacés et pressés formaient avec les roseaux et les herbes de la fondation une unité très-compacte et élastique.

La cuvette avait en diamètre sept centimètres, et en profondeur deux centimètres. Les œufs n'étaient éloignés de l'eau que par un fond d'un centimètre d'épaisseur. J'ai vu des cuvettes bien moins profondes et d'autres, au contraire, dont le fond touchait l'eau : mais à l'époque des pontes et de l'incubation les eaux pluviales de cet étang sont relativement chaudes, et du reste, quand cela devient nécessaire, l'épouvantail fait des réparations à son nid et y ajoute de nouvelles herbes.

J'ai remarqué des nids composés entièrement de feuilles de roseaux. Les feuilles de l'année précédente avaient autant de consistance que de souplesse ; mouillées au moment de la mise en œuvre, elles avaient été aussi bien collées qu'enlacées.

La moustac cherche pour ses fondations, dix, quinze, vingt tiges de joncs ; elle les fixe à des herbages qui lui semblent bien ancrés et les recouvre de feuilles de joncs et de roseaux. Ces matériaux sont non-seulement superposés, mais encore croisés et enlacés de manière à supporter et à retenir au-dessus de l'eau les œufs, la mère et les petits. Les feuilles les plus souples et les moins larges sont réservées pour l'intérieur.

Si les sternes n'ont pas en architecture l'habileté du pinson et de la mésange à longue queue, elles ne sont pas moins dévouées à leurs petits ; elles savent très-bien, par des moyens fort simples, mais appropriés aux circonstances particulières de leur vie, assurer leur reproduction annuelle.

Aussi, si elles ne sont pas empêchées par les canardiers, qui les détestent parce qu'à l'ouverture de la chasse elles donnent l'éveil aux canards et aux morelles, par les troupeaux de vaches qui s'avancent très-loin dans l'étang, si, dis-je, des obstacles insurmontables ne s'opposent pas à leur installation, les sternes viennent chaque année dans la région du Der fournir un contingent nouveau de puissants éliminateurs.

A Giffaumont, aux Machelignots (Marne) et dans les villages voisins, il y a chaque année des fièvres paludéennes auxquelles n'échappent pas toujours les plus anciens habitants ; quant aux nouveaux arrivants ils sont souvent obligés d'abandonner le pays. Les diptères y sont si nombreux qu'ils s'y voient sous forme de nuages. Pendant les chaleurs orageuses de l'été, on est obligé, dans les maisons les plus rapprochées des étangs, de brûler des herbages et des feuilles pour produire beaucoup de fumée et éloigner ainsi des milliers de mouches et de moucherons. Le bétail, les chevaux et les hommes sont sans cesse harcelés et ne peuvent souvent rester dans les champs. On comprend donc que les sternes soient venues prêter leur concours pour la destruction de ces ennemis aussi acharnés qu'innombrables et insaisissables.

Pour cette guerre elles sont aux palmipèdes, aux échassiers et aux passereaux, tels que les rousserolles, les phragmites et les bergeronnettes, ce qu'est la cavalerie à l'infanterie. Elles croisent sans cesse et tombent à l'improviste sur les rassemblements. Par leurs cris perçants elles épouvantent et font lever les insectes qui cherchent à se cacher. Partout on assiste à des mêlées, à des poursuites et à des hécatombes. Ce qui nous a le plus étonné, c'est une charge exécutée par un groupe de moustacs. Parties de la queue d'un étang, elles sont passées comme un ouragan au-dessus de nos têtes, ont disparu dans la plaine et reparu quelques instants après en exécutant toutes les évolutions imaginables, et toujours nous avions à admirer la rapidité, la variété et la grâce de leur vol.

Très-souvent donc les insectes, quoique ailés, n'ont pas le temps de se reconnaître, et leurs débâcles ne finissent qu'au départ des sternes, vers la fin d'août.

Dans les estomacs de ces oiseaux, j'ai trouvé des diptères de beaucoup d'espèces, et en particulier des hannetons, des larves de ces coléoptères et des noctuelles.

Mais ce qu'on ne peut indiquer, c'est la quantité de ces insectes qui sont avalés en une saison par des colonies de cent, deux cents et trois cents hirondelles d'étang. L'épouvantail pesant soixante-sept grammes et la moustac quatre-vingt-sept grammes, chacun de ces oiseaux parcourant des centaines de kilomètres pendant le temps qu'il nous faut pour être exténués de fatigue et de faim, comprend-on combien il faut de mouches et de moucherons pour rassasier de pareils chasseurs ?

Il n'est donc pas étonnant que j'aie pris plaisir à étudier la reproduction de ces oiseaux. Un de mes amis et collègues en ornithologie, M. le vicomte de Hédouville, s'est associé à mes recherches et nous sommes allés ensemble six fois depuis huit ans visiter les étangs sur lesquels ils nichent.

Rapporter tout ce que nous avons vu serait trop long, mais je veux, au moins pour les ornithologistes, ajouter quelques détails.

En 1867, les premières sternes sont arrivées à Giffaumont le 6 avril, nous y étions le 7 mai. Sur un premier étang nous n'avons rien trouvé. Il était quatre heures quand, à la queue d'un second, nous vimes un groupe de huit nids d'épouvantails. Ils étaient à cent mètres de la rive et n'étaient éloignés les uns des autres que de trois, quatre, cinq et six mètres.

En naviguant j'aperçus, dans la direction de la chaussée, cinq nids de moustac également espacés de trois à six mètres.

Nous avons compté environ deux cent cinquante sternes qui planaient au-dessus de nous et qui essayaient sans doute par leurs cris déchirants ou plaintifs de nous effrayer ou de nous attendrir. Nous n'avions donc vu qu'un petit nombre de leurs nids.

Les pontes d'épouvantail dataient des 16, 24 et 30 avril, et celles de moustac du 24.

En 1868, les sternes arrivèrent le 27 avril et nos recherches eurent lieu le 28 mai. A la queue de l'étang où nous avions vu les nids en 1867, nous n'en trouvâmes pas un seul, tous étaient établis à cent cinquante mètres de la chaussée près des massifs de joncs, de roseaux et d'herbages ; nous nous en doutâmes quand, à notre approche, ces oiseaux se mirent à pousser leurs cris d'alarme.

Nous visitâmes dix nids d'épouvantails, les œufs de trois d'entre eux touchaient à l'eau. Les pontes remontaient aux 27, 22, 18, 14 et 12 mai. Nous trouvâmes seulement deux pontes de moustac datant des 20 et 22.

En 1869, les étangs de Giffaumont étant en culture, je me suis transporté le 4 juin sur l'étang de Chantecoq, village voisin. J'ai vu vingt-deux nids d'épouvantails, dont les pontes remontaient aux 17, 24, 28, 31 mai et 1er, 2 et 3 juin. Quelques sternes étaient arrivées le 13 avril, mais les autres n'avaient pas paru avant les 27, 28 et 29 avril. Un nid se trouvait sur une botte de paille enchevêtrée dans les joncs, un autre était établi dans un ancien nid de morelle.

Il n'y avait pas une seule moustac.

Le 5 juin, je me suis rendu à l'étang de Labore et je n'y ai aperçu que huit épouvantails.

Le 3 mai 1871, M. le Vte de Hédouville a trouvé sur un étang de Giffaumont trois groupes de nids de moustacs, le premier en contenait neuf, le deuxième huit et le troisième trente.

Le 30 mai 1872, sur le même étang, nous avons vu seize nids de moustacs dont les pontes dataient des 3, 10 et 25 mai. Quatre pontes d'épouvantails remontaient aux 18, 25 et 30 mai. La ponte de leucoptère dont j'ai parlé avait dû commencer le 15 mai.

Le 13 juin 1873, il n'y avait sur le même étang que six nids d'épouvantails et trois de moustacs.

Enfin, le 8 juin 1874, nous n'avons trouvé qu'une douzaine de nids d'épouvantails dans lesquels il y avait des œufs et trois de moustacs qui étaient à peine achevés.

Je n'ai jamais vu plus de trois œufs dans un nid d'épouvantail; dans deux seulement de la moustac, il s'en est trouvé quatre.

L'étang de Chantecoq a cinquante hectares, ceux de Giffaumont en ont chacun une centaine, celui de Labore est à beaucoup près le plus grand de la région.

Six nids d'épouvantail et de moustac m'ont donné les moyennes suivantes :

	Epouvantail.	Moustac.
Diamètre de la cuvette	0.07	0.09
Profondeur de la cuvette	0.109	0.020
Largeur du nid	0.15	0.16
Hauteur du nid	0.06	0.07
Hauteur au-dessus de l'eau	0.03	0.03
Hauteur en-dessous de l'eau	0.03	0.04
Cube	48	80

Les constructions en forme de coupe sont, dans nos contrées, les plus nombreuses, aussi j'aurais pu facilement multiplier les descriptions d'espèces et de variétés; mais ceux des nids que je n'ai pas décrits ressemblent à tels ou tels des types dont je viens de parler; de plus, dans le cours de cette étude, j'ai signalé ce que quelques-uns d'entre eux ont de plus caractéristique. On pourra donc déjà, je l'espère, apprécier les caractères et le mérite d'un nid que l'on trouvera et réunir les éléments d'un catalogue complet, qui est indispensable pour la distinction des espèces.

Par exemple, nous avons vu que les oiseaux de grande taille, qui nichent sur les arbres, sont obligés d'employer les plus solides des matériaux qu'ils peuvent porter, travailler et mettre en œuvre, c'est-à-dire de moyennes et de grosses baguettes. Leurs nids, qui ont l'apparence d'un fascinage, durent, il est vrai, plusieurs années. Eh bien ! aux types de la buse et du corbeau que nous avons donnés se rapportent les nids de bondrée, d'éperviers, de faucons, de ducs, et au type du gros-bec ceux de geais et de bouvreuils.

Beaucoup d'oiseaux se contentent d'herbages ; les plus gros parce qu'ils nichent à terre, les autres parce qu'étant de petite taille, ils n'ont pas besoin d'une construction de première solidité. Les nids de bergeronnette, de pipit, de bruant, de rouge-queue-tithys, ont de grandes analogies avec ceux de la pie-grièche et de la fauvette.

A ce genre appartiennent également les admirables hamacs du loriot et des rousserolles, la gracieuse coupe de l'hippolaïs, quoique par les accessoires et le fini elle ressemble à celle du chardonneret. Enfin, les gallinacés, les palmipèdes et les échassiers, nichent comme la poule d'eau et la bécasse.

Les nids d'hirondelle et de merle sont des types auxquels on peut facilement rattacher tout travail en terre.

Si comme nous, pour construire, les oiseaux emploient la terre, le bois et le chaume, ils ont également recours à la mousse dont nous nous servons pour élever ou orner des reposoirs, fabriquer des pavillons rustiques.

Dans ce genre, ils font de charmants nids, auxquels

se rapportent ceux du traquet-tarier et de l'accenteur-mouchet.

Les nids de rossignol, de bécasse et de lusciniole sont encore des types ; ils font ressortir l'habileté des oiseaux qui fabriquent des cartonnages en feuilles plaquées.

Beaucoup de ces variétés de genre se retrouvent dans les nids de forme sphérique et même en ceux qui sont creusés dans la terre ou dans le bois et ainsi les types que j'ai produits faciliteront encore les recherches et les appréciations dans ces deux ordres.

§ 2.

NIDS RECOUVERTS ET DE FORME SPHÉRIQUE.
PIE, MÉSANGE A LONGUE QUEUE.

Chacun a pu admirer le nid de l'hirondelle de fenêtre et même le voir construire.

Il en est d'autres, ceux de pie, que l'on aperçoit dans la campagne, mais très-souvent au sommet d'un peuplier, et ils sont là placés pour beaucoup de dénicheurs, comme le raisin du renard de Lafontaine.

Nous avons pu en visiter quelques-uns qui étaient moins élevés, et vraiment nous les avons trouvés singulièrement remarquables. L'un d'eux, que j'ai descendu, m'a permis de fournir les indications suivantes : A la base, il avait la forme d'une coupe profonde et était composé de trois parties très-distinctes, d'un revêtement extérieur en fortes baguettes, d'un fond et de parois en mortier, enfin d'une double garniture intérieure, l'une, celle du bas, en brindilles, l'autre en racines très-fines, au dessus s'élevait une coupole formée de petites branches.

Cette construction pesait trois mille quinze grammes et elle avait supporté six jeunes d'un poids de quatorze cents grammes environ.

Des matériaux autres que des baguettes longues, résistantes et épineuses, n'eussent pas permis aux pies, d'en bien établir et fixer les fondations, les accotements et la voûte ; aussi ces oiseaux en avaient-ils cherché et employé qui étaient longues de quarante centimètres à un mètre. J'en ai même trouvé une pliée en deux, qui avait un mètre trente centimètres de longueur et qui pesait trente grammes.

On comprend que le transport et le maniement de fardeaux aussi embarrassants ne soient pas faciles. Il m'a été donné, l'an dernier, d'apprécier ce genre de difficulté. M'étant caché sous des arbres verts, j'ai vu deux pies, qui, étant parties d'un nid en construction, y revinrent bientôt, le mâle avec une brindille de quarante centimètres de longueur, et la femelle avec une baguette longue de quatre-vingts centimètres. La femelle s'élevait difficilement et sa tête tournait sous le poids du gros bout de sa branche, mais son époux qui l'avait précédée et qui avait facilement placé sa brindille, se porta à son secours au moment de son arrivée. Chacun prit un bout de cette pièce de charpente, qui, grâce à de communs efforts, fut plantée à la place qui lui était destinée. Un instant après, une autre pièce du même genre, fut apportée et également piquée dans les fondations, mais de manière à se croiser avec la première. Comme la partie supérieure de cette dernière branche restait trop droite, la femelle, qui semblait diriger les travaux, s'élança dessus et se mit à sauter, jusqu'à ce qu'elle lui eût fait atteindre l'inclinaison voulue. On comprend qu'avec de pareils ouvriers, rien n'ait été négligé pour assurer le succès de l'entreprise.

Aux branches principales des fondations et des accotements, les oiseaux en ajoutent d'autres plus petites, mais garnies de crochets et d'épines. C'est sur ce solide fascinage que s'appuie la coupe en mortier ; elle a pour le fond trois centimètres d'épaisseur et pour les côtés de un centimètre à quinze millimètres. La terre pétrie dont elle est formée, est liaisonnée par des tiges d'herbes et des racines d'arbustes, et de plus elle est solidement fixée aux baguettes du pourtour.

La garniture intérieure étant doublée, permet à une pluie d'orage d'envahir la coupe, mais sans inonder les œufs ou les petits avant sa filtration à travers la terre. L'élasticité et la douceur de l'intérieur sont extrêmes, si j'en juge surtout par le fait que je vais raconter. Ainsi que je l'ai dit plus haut, un propriétaire de Saint-Dizier fit couper, en avril 1874, quelques arbres d'un petit bois. Sur l'un d'eux, était un nid de pie contenant cinq œufs. Les père et mère en construisirent de suite un autre à cent mètres de là, au sommet d'un saule très-élevé et très-fragile. Neuf jours après, le coupeur vint abattre ce dernier arbre, au moment où j'arrivais. Un grimpeur monta pour me descendre le nid, mais en raison de la fragilité du bois, je fis scier la branche qui le supportait, elle tomba perpendiculairement de vingt-deux mètres de hauteur, puis arrivée sur le sol, elle s'affaissa doucement. Eh bien, dans ce nid, il y avait un œuf, et cet œuf n'était pas cassé. Ainsi j'ai pu constater que cette construction n'avait duré que neuf jours.

Le nid de pie, si remarquable à la base, est bien plus curieux encore par sa coupole. Elle se compose de baguettes choisies à cause de leur longueur, de leur force, de leurs crochets et surtout de leurs épines. Solidement plantées dans le massif, elles s'entre-croisent de manière à former une voûte à claire-voie, mais très-solide. Cette fortification permet à la pie, qui n'est pas armée comme un rapace, de se risquer sur les arbres isolés et très en évidence dans la plaine. Deux ouvertures calculées sur le diamètre de son corps, lui permettent d'entrer et de sortir facilement, tandis que des ennemis de forte taille, comme le corbeau-corneille et la buse, n'osent s'y aventurer.

De loin, cette espèce de touffe en baguettes se confond avec les nombreux rameaux de la cime des arbres et dissimule autant que possible la demeure de la pie. Les feuilles se développant aident encore à détourner l'attention.

Pour que le lecteur se fasse une idée exacte de ce genre de construction, je produis ici les mesures et le poids du nid dont j'ai parlé plus haut.

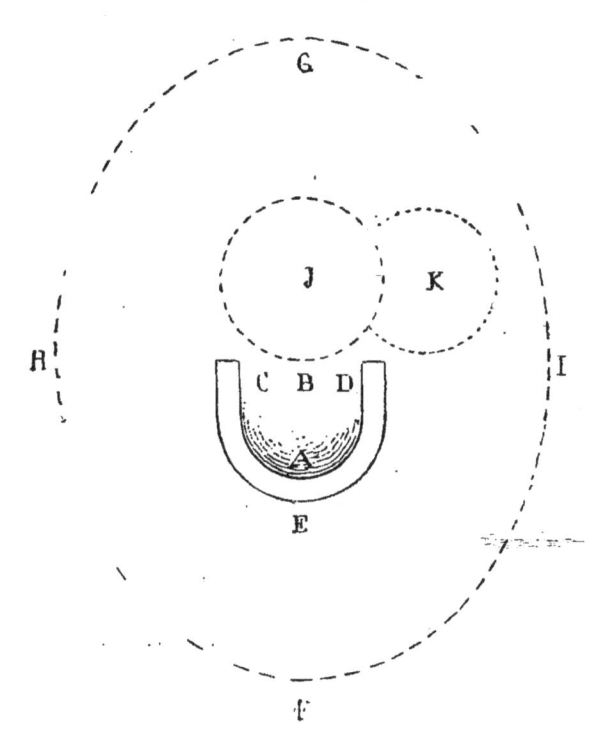

Profondeur de la cuvette de A à B. 0.125
Diamètre   id.   de C à D.. 0.145
Hauteur de la coupe de B à E..... 0.18
Hauteur de la coupe et du soubassement en baguettes de B à F.... 0.35
Hauteur de la coupole de B à G... 0.35
Largeur totale du nid de H à I.... 0.60
Diamètre de l'entrée J............ 0.16
   Id.   de la sortie K........... 0.13

Epaisseur de la garniture intérieure :
- 1° des baguettes..... 0.02 c.
- 2° des racines......... 0.05

Cube de la cuvette............... 1500 cent.³

Maintenant voici de quoi se composaient les matériaux :

57 grosses baguettes, la plupart d'épines, ayant une longueur de trente à quatre-vingts centimètres, et en diamètre de cinq à huit millimètres pour former le recouvrement du nid.................. 290 g.		
105 grosses baguettes de diverses essences de bois pour le revêtement extérieur de la coupe et les attaches.................. 410	}	750 gr.
40 plus petites reliant les plus grosses à la terre............... 50		

Pour la coupe, terre fixée par des racines et de petites branches à crochet........... 2.150

Petites branches, racines et herbes matelassant l'intérieur de la cuvette............ 115

Total général........ 3.015 gr.

Les nids sphériques appartiennent surtout aux petites espèces et sont peu visibles.

Quand vous traversez le bois, examinez bien la boule de mousse, que l'on voit sur ce buisson, c'est l'appartement d'un troglodyte.

Prenez garde, cette éminence de trois centimètres en herbes et en feuilles, qui se trouve au bout de votre soulier, c'est la demeure d'un pouillot, et cette espèce de trou de souris que vous voyez en est l'entrée.

Ces nids sont beaux, et cependant celui de la mésange à longue queue l'est bien davantage encore.

Voici, d'après un exemplaire que j'ai sous les yeux, les dimensions intérieures du nid de cet oiseau :

de A à B	0.035
de C à D	0.072
de E à F	0.055
de G à H	0.10

Ces mesures sont celles du vide intérieur qui est de deux cents centimètres cubes, les parois ont généralement quinze millimètres d'épaisseur, le fond en a de quinze à vingt-cinq millimètres.

Pour donner à ce nid la solidité, le confortable, la chaleur et la beauté qui lui étaient nécessaires, il a fallu d'abord trente-deux grammes soixante-quinze centigrammes de matières diverses, savoir :

Mousse jaune pour l'enveloppe la plus solide.
Lichen pour revêtement extérieur.

Fils de soie de cocons d'araignées, pour joindre les fibres de la mousse et les paillettes de lichen, et former des attaches aux branches............	20 g. 70
Tiges d'herbes très-fines, pour dresser et consolider les matériaux..................	0 80
Pour revêtement intérieur, deux mille cent trente plumes grandes et petites de rouge-gorge et de mésange......	11 25
Total..........	32 g. 75

Ces deux mille cent trente plumes, disséminées partout dans le bois, par suite de la mue du printemps, ont été réunies, piquées par leur tube dans la mousse, ou plaquées et fixées au moyen de brindilles d'herbes et de fils de soie.

En découvrant que les matériaux étaient reliés entre eux par d'innombrables et presque imperceptibles fils de soie, j'ai naturellement désiré savoir si cette soie venait d'un cocon de chenille, ou d'araignée, et de quelle espèce, et j'ai envoyé à M. Godron, doyen honoraire de la faculté des sciences de Nancy, de la mousse tissée, des mèches et des fils de cette soie, quelques fragments de la partie intérieure et lisse, des cocons trouvés par moi au milieu des paillettes de lichen et des fibres de la mousse.

Cet aimable savant, si dévoué à la science et à tous ceux qui s'en occupent, s'est empressé de m'envoyer la lettre suivante :

« Nancy, le 26 avril 1874.

« Cher Monsieur,

« J'ai examiné les petits cocons blancs trouvés par vous dans le nid de la mésange à longue queue. Je n'ai pas voulu vous donner mes observations personnelles, avant de les avoir fait contrôler par deux savants qui se sont beaucoup occupés des animaux articulés, MM. Mathieu et Fliche, tous deux professeurs à l'école forestière. Ce produit feutré et formé de fils fins et soyeux est aussi un nid non moins merveilleux que ceux des oiseaux. C'est un nid d'une espèce d'araignée qui a déposé ses œufs dans cette enveloppe mollette, où ils étaient préservés de la pluie et des autres causes d'altérations qui auraient pu les atteindre, si ce n'est toutefois du bec de la mésange, qui a dû les croquer avant d'utiliser l'enveloppe. Nous ne pouvons vous indiquer le nom de l'espèce d'araignée, mais c'est un animal de cette famille qui les a fabriquées et qui possède aussi le talent industriel du fileur et du tisseur. Que les matérialistes et les athées étudient sérieusement ces merveilles et qu'ils nous disent si cela est l'œuvre du hasard.

« Veuillez, Monsieur, agréer l'assurance de mes meilleurs sentiments, « *Signé :* A. GODRON. »

Que le savant doyen de Nancy veuille bien une fois de plus agréer mes remerciements pour cette lettre et pour les communications diverses qu'il m'a faites au sujet de mes études d'histoire naturelle.

Je suis heureux de pouvoir lui offrir ce témoignage public de ma profonde gratitude.

C'est donc bien avec des fils d'araignées que la mésange à longue queue tisse la mousse et le lichen et qu'elle en unit les parties les plus infimes. Il en résulte que les parois et le fond du nid sont d'une grande élasticité et que quinze jeunes trouvent moyen d'élargir un peu cette chambrette et de s'y mettre à l'aise.

Ce nid, en raison surtout de sa forme et des plumes dont il est garni, est aussi chaud que doux, élastique et solide, et conserve une température élevée même pendant les froids de mars et d'avril.

Il a, comme certaines poires, la forme d'un ovale un peu rétréci à la partie supérieure, avec inclinaison du côté de l'ouverture ; sa surface extérieure est aussi unie et aussi douce que la toison d'un agneau. En raison des teintes granitées que lui donnent les mélanges de mousse jaune, de lichen et de cocons, il se confond avec l'écorce des arbres et échappe à la vue, quand les feuilles ne sont pas encore poussées.

« Enfin », et d'après M. Gerbe (article *mésange* du *Dictionnaire universel d'histoire naturelle*), « ce nid offre
« ceci de particulier, qu'assez souvent sur deux de ses
« faces opposées sont pratiquées deux petites ouver-
« tures, qui se correspondent de telle façon que la
« femelle ou le mâle puisse entrer dans ce nid ou en
« sortir sans être obligé de se retourner. Cette double
« ouverture est évidemment un fait de prévoyance
« inspiré à cet oiseau par la nature ; c'est afin que sa
« longue queue, qui, au moindre obstacle, se détache
« ou se froisse, soit à son aise durant l'incubation ;
« et ce qui le prouve, c'est qu'après l'éclosion et
« lorsque les jeunes peuvent se passer de la chaleur
« maternelle, en d'autres termes, lorsqu'il n'y a plus
« de nécessité pour la femelle ou pour le mâle de se
« tenir dans le nid, ceux-ci se hâtent de boucher l'une
« des deux ouvertures qu'ils avaient ménagées ».

Un nid, que j'ai recueilli le 13 avril dernier dans le jardin d'un de mes amis, est trop curieux, pour que je n'en dise pas encore quelques mots. Il était à terre, sa base très-large était très-adhérente au sol. Comme en raison de leur élasticité ses parois s'affaissaient un peu, les mésanges eurent l'idée de rattacher la partie supérieure du nid à une brindille d'épine noire, au moyen d'une traînée en mousse parfaitement tissée. Cette demeure venait d'être abandonnée, mais en voyant un chat tapis sur un arbre voisin nous comprimes pourquoi les père et mère avaient délogé. Maintenant pourquoi, par une exception si extraordinaire à la règle, cette construction avait-elle été posée à terre ? Sans doute parce qu'un premier nid établi à quelques mètres de là sur une branche d'épicéa avait été culbuté par le même chat.

Remarquons-le donc encore une fois. Dans toutes les circonstances l'oiseau choisit un emplacement qui offre pour ses petits des garanties contre la disette, les ennemis, le froid, l'humidité, la pluie, la chaleur et le vent. De plus, le nid est construit très-ingénieusement et de manière à préserver la famille de toute chute et à donner satisfaction à tous ses besoins.

Tous ces actes d'intelligence, de prévoyance, et surtout d'amour maternel ne sont-ils pas admirables, et ne doit-on pas répéter avec le savant doyen de Nancy : Que les matérialistes et les athées nous disent si cela est l'effet du hasard !

§ 3.

NIDS CREUSÉS DANS LA TERRE ET LE BOIS, MARTIN-PÉCHEUR, HIRONDELLE DE RIVAGE, PIC, SITTELLE, TORCHE-POT.

En parcourant les divers ordres de l'architecture des oiseaux, nous arrivons à un troisième genre de nids. Jusqu'alors nous n'avons eu affaire qu'à des ouvriers de la classe de ceux, qu'en terme d'atelier, on nomme feutriers, modeleurs, tresseurs, ourdisseurs, pétrisseurs, etc.

Il nous faut maintenant dire quelques mots des ouvriers qui font le métier de mineurs, de charpentiers et de maçons.

Dans la section des mineurs, se trouvent le martin-pêcheur et l'hirondelle de rivage.

Le premier de ces oiseaux recherche les trous faits par les rats d'eau, les taupes, les hirondelles de rivage, et les approprie à ses besoins. Quand il n'en trouve pas dans les parages qu'il choisit pour l'élevage de ses petits, il en creuse.

Voici ce que j'ai plusieurs fois constaté. L'orifice a en hauteur 0,07 c., en largeur 0,06 c. Là commence une galerie de 0,55 c. environ et ayant les deux diamètres de 0,07 sur 0,06 et la direction horizontale du niveau de l'eau. Au fond et de côté est creusée une chambre ayant en hauteur 0,10 c. et en largeur 0,15 ; ces 0,15 c., ajoutés aux 0,55 de la galerie, donnent une profondeur totale de 0,70. La partie basse de la chambre a la forme d'une cuvette et est recouverte d'une couche assez épaisse d'arêtes de poisson, triturées et pesant vingt grammes environ.

Les galeries des hirondelles de rivage sont plus remarquables encore ; pour les creuser, elles sont obligées de choisir des terres qui se désagrègent assez facilement, ordinairement des terrains sableux ; mais, grâce à leur bec court et solide, et surtout à leur patience et à leur énergie, elles trouvent moyen de camper leurs colonies partout où il y a abondance de nourriture et des falaise pénétrables à la sape.

Elles préfèrent les falaises qui sont perpendiculaires ou surplombées, parce qu'elles s'y croient plus en sûreté qu'ailleurs ; elles y établissent alors dix, vingt, trente, quarante, cinquante nids qui souvent ne sont pas éloignés les uns des autres de plus de trente centimètres.

La galerie a, en général, en longueur soixante-dix centimètres ; si l'oiseau a été inquiété, si surtout des ennemis ont pénétré chez lui, il lui donne quatre-vingts centimètres et même un mètre vingt centimètres. L'ouverture a en hauteur six centimètres sur quatre centimètres, tels sont aussi les diamètres de la galerie, au fond de laquelle se trouve une cuvette ayant en hauteur huit centimètres et en largeur dix centimètres ; elle est recouverte d'une couche de paille sèche mélangée de quelques herbes fines.

Le plus souvent les galeries décrivent des courbes, et ainsi le nid échappe encore plus aux agresseurs du dehors. Elles sont assurément très-avantageusement combinées, car le martin-pêcheur, le moineau-friquet et l'étourneau s'en emparent quand ils le peuvent.

Un jour qu'un friquet profitait de l'absence d'une hirondelle pour visiter sa demeure, celle-ci rentra. Entre elle et le friquet s'engagea une lutte terrible, dans laquelle succomba la propriétaire du nid. Je suis, hélas ! arrivé trop tard pour empêcher cette lutte. Tout ce que j'ai pu faire a été d'empailler cette pauvre mère et de lui donner une place dans ma collection.

Sur beaucoup de falaises de la Marne on aperçoit un certain nombre de petits trous : ce sont les entrées d'autant de chambrettes creusées par ces hirondelles.

Ces oiseaux, ne pouvant s'établir dans les roches qui bordent les fleuves, s'empressent de profiter des bancs de sables qui parfois s'y rencontrent. Ainsi au Sponek (groupe de Kaiserstuhl), duché de Bade, le Rhin se trouve encaissé dans des rochers qui forment une falaise très-élevée, et la couche puissante de lœss qui la surmonte est remplie de trous creusés par les hirondelles.

De même que certains oiseaux se font des terriers, de même quelques autres se creusent des loges dans un tronc ou dans les grosses branches d'un arbre. Pour ce genre de travail ils ont reçu un bec qui leur sert comme la besaiguë au charpentier, le ciseau au menuisier, le pic au sapeur ; aussi ces oiseaux ont-ils reçu le nom caractéristique de pic.

Ainsi outillé, ce charpentier emplumé, non-seulement fouille le bois pour saisir les insectes qui l'attaquent, mais encore il pratique des chambrettes qui lui servent soit de domicile, soit de simple résidence.

Chaque année le pic-épeiche en creuse une douzaine de nouvelles et pourvoit ainsi aux besoins de quelques sylvains (1) qui nichent dans les creux sans pouvoir les faire eux-mêmes.

Les sylvains sont d'utiles insectivores, et pour cette raison il est très-important que les nids, au moyen desquels leur reproduction est assurée, soient bien connus et appréciés ; c'est parce que je les ai pris pour modèles que je crois avoir résolu la question des nids artificiels.

Mais n'anticipons pas, et commençons par exposer ce qu'il y a de caractéristique dans les nids naturels des pics.

Trois espèces nichent dans nos pays, le pic-épeichette, le pic-épeiche et le pic-vert. Ils représentent trois machines à éliminer d'une puissance bien différente, ainsi qu'il résulte des états suivants :

	Poids.	Cube du corps.	Épaisseur du corps.	Taille.
Pic-épeichette.	18 g. 65	19 c.^{3}	0.03 c.	0^{m}147
Pic-épeiche...	68	130	0 045	0 235
Pic-vert......	188	295	0 063	0 325

Ces trois oiseaux étant de trois grosseurs différentes, devaient nécessairement construire des chambrettes de trois grandeurs différentes. Quelques dessins et quelques chiffres permettront d'en juger.

(1) Gloger, *De la nécessité de protéger les animaux utiles*, page 25.

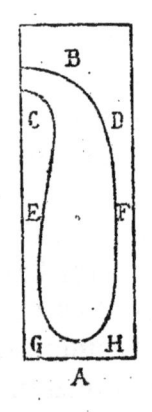

Pic-épeichette.

Ouverture.............. 0ᵐ038 sur 0.033
Profondeur du trou de A à B. 0.27 c.
Largeur de C à D........ . 0.04
   Id.   de E à F............ 0.07
   Id.   de G à H... .... 0.05
Cube intérieur............ 830

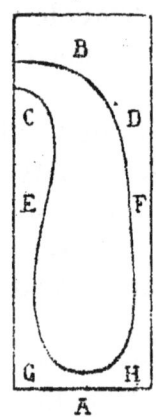

Pic-épeiche.

Ouverture............ 0ᵐ057 sur 0.048
Profondeur du trou de A à B. } 0ᵐ33 c.
Largeur de C à D..... 0.057 sur 0.048
   Id.   de E à F.... 0.09 c.
   Id.   de G à H..... 0.075.
Cube intérieur.. . . 0.1333 c.³

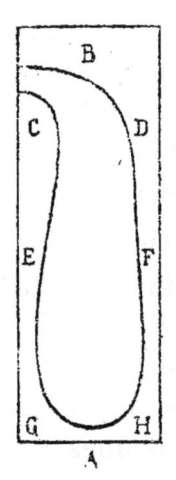

Pic-vert.

Ouverture............. 0ᵐ085 sur 0.065
Profondeur du trou de A à B. } 0.38
Largeur de C à D..... 0.085 sur 0.065
   Id.   de E à F.. .. 0.115
   Id.   de G à H..... 0.09
Cube intérieur........ 0.3260 c.

Ainsi qu'on le voit, les différences entre ces nids n'existent que pour les dimensions ; pour le reste, les mêmes règles ont été appliquées.

D'abord le diamètre de l'orifice correspond au diamètre du corps de l'oiseau ; il ne devait pas, à la vérité, lui être inférieur, mais s'il s'était trouvé plus grand, il aurait favorisé l'entrée d'un puissant ennemi ; l'oiseau ayant le corps protégé par les parois d'un nid, comme la tortue l'est par sa carapace, il peut braquer et lancer contre l'agresseur, et surtout sur ses yeux, le bec fort et pointu dont il s'est servi pour creuser le bois ; il a d'autant plus de chance de l'atteindre, de l'effrayer et de l'éloigner, qu'un adversaire ayant la prétention d'entrer dans sa loge ne peut être d'une taille très-sensiblement supérieure à la sienne ; plus une ouverture est petite, plus aussi elle échappe à la vue des dénicheurs.

Ensuite le nid est à une certaine profondeur. Il n'est pas accessible à la patte de la martre, ni même à celle du chat sauvage, la patte de la martre n'ayant que quinze centimètres de longueur, et celle du chat que vingt centimètres. Pour arriver au fond, il faut descendre comme dans un puits, ce qui ne convient ni au moineau domestique, ni au moineau-friquet, grands amateurs et grands accapareurs de loges pratiquées dans la terre, la pierre et le bois.

On peut s'en convaincre en examinant la forme et les proportions du nid sphérique d'un moineau domestique.

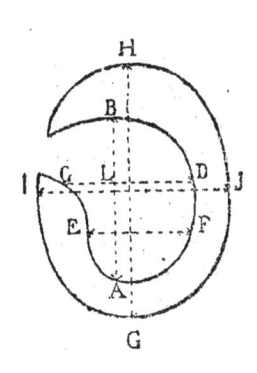

Diamètre de l'ouverture. 0^m05
Cube de l'intérieur...... 400 c. cub.
Hauteur de l'intérieur { de B à L. / de L à A. } 0.10 c.
Largeur de l'intérieur { de C à D.. 0.07 / de E à F.. 0.09 }
Hauteur de l'extérieur... 0.25
Grand diamètre de l'extérieur............... 0.20

Un moineau domestique, du poids de trente-deux

grammes trente-cinq centigrammes, a pour cube de tout le corps trente-sept cent.[3], pour diamètre trente-cinq centimètres, et pour taille seize centimètres.

Enfin, le nid d'un pic-épeichette ne peut, à cause de ses faibles dimensions, servir à l'écureuil.

Pour ces diverses raisons les nids, qui sont si bien appropriés aux besoins de nos trois espèces de pics, ne conviennent pas moins aux sylvains de même taille qui nichent dans les trous.

Ainsi la mésange-charbonnière, la mésange-bleue, la mésange-nonnette, le rouge-queue, le rossignol de muraille, le gobe-mouches à collier, le gobe-mouches noir, le grimpereau, la sittelle, s'empressent de loger dans la chambrette du pic-épeichette.

Lorsqu'ils n'en trouvent pas, ils s'établissent dans la chambre d'un pic-épeiche, mais c'est avec regret, car ils s'y trouvent moins bien, et ils ont affaire à de nouveaux compétiteurs, comme le torcol, la huppe et l'étourneau.

Dans ce cas-là, et quand elles trouvent du bois bien vermoulu, la mésange-charbonnière et la mésange-bleue se mettent aussi à forer pour l'établissement d'un nid; quand cette ressource leur manque, elles se résignent à s'établir dans un nid de grive ou d'écureuil.

J'ai même vu un couple de mésanges-charbonnières dans un trou de souris, profond de trente centimètres, et donnant sur un revers de fossé d'une forêt.

J'ai, ainsi que je l'ai déjà dit, un très-joli nid de mésange-nonnette, fait dans un nid de merle, qui venait d'être achevé, et, chose très-curieuse, le merle et la mésange y avaient déposé, l'un deux œufs, l'autre quatre. Je les ai vus le 22 avril 1873, pendant que la nonnette les couvait.

Le 16 avril 1868, j'ai également trouvé un grimpereau dans un nid de grive qu'il avait approprié.

Il est vrai que la sittelle vient aussi au secours des

petits nicheurs en creux. Cet oiseau sait pétrir la terre, l'appliquer au bois et la rendre aussi solide qu'un ciment. De plus, il est assez habile pour donner à l'ouverture qu'il rétrécit, les proportions de son corps, et comme ce sont également celles du pic-épeichette, il en résulte que la chambre du pic-épeiche, restaurée par une sittelle, peut admirablement servir à la plupart des petits oiseaux qui n'ont pas à leur service un pic-épeichette.

L'appartement du pic-vert est occupé par la chouette-chevèche, par les oiseaux que nous venons de citer, quand ceux-ci n'en trouvent pas assez de pic-épeiche et de pic-épeichette. Quelquefois alors, l'étourneau imite la sittelle, il en rétrécit l'ouverture, jusqu'à ce qu'elle n'ait plus que le diamètre de son corps. La huppe elle-même pratique quelquefois aussi la même opération et emploie pour cela de la terre mélangée d'excréments.

Si, au contraire, l'ouverture du nid du pic-vert s'agrandit, la chouette-hulotte et la colombe-colombin en prennent possession.

A défaut de ces trous, cette colombe va s'établir ailleurs, dans d'autres bois, la hulotte se décide à déposer ses œufs à terre, sur de la mousse ou des herbes sèches.

Les trous pratiqués par les pics ne sont pas les seuls qui se trouvent dans les bois, mais ce sont les mieux appropriés aux besoins de l'oiseau, et d'ailleurs pour les autres, il ne manque pas d'hôtes très-empressés, comme les abeilles, les guêpes, les frelons, les chauves-souris, les martres, les écureuils, etc.

Ainsi donc, grâce aux attributions diverses des constructeurs de nids, la reproduction d'oiseaux insectivores très-utiles est assurée et, une fois de plus, nous avons à admirer la sagesse du Créateur.

Il est cependant bon de le dire, quand le moment est venu pour les oiseaux de s'établir au centre d'une élimination facile, soit dans un ancien nid, soit surtout dans un creux d'arbre, il y a quelquefois des luttes acharnées. Le 24 avril 1873, j'ai été témoin d'un combat de ce genre. Des ouvriers de bois, me voyant passer près d'une coupe où ils travaillaient, m'appelèrent pour me montrer deux sittelles et deux étourneaux, qui étaient fort acharnés les uns contre les autres. Voici ce qui s'était passé :

En 1872, un pic-épeiche s'était construit un nid dans un tremble. Le 21 avril 1873, deux sittelles le trouvant bien situé et à leur goût, se mirent à en rétrécir l'entrée au moyen de terre pétrie et à l'occuper. La femelle y avait déposé trois œufs, quand, le 23 avril 1873, à huit heures du matin, deux étourneaux, qui avaient en vain cherché un logement en ces lieux, profitèrent de l'absence momentanée des sittelles pour démolir la maçonnerie ; quelque temps après, ils purent entrer et prendre possession du logis. Vite ils allèrent, mais alternativement, chercher de la paille, qu'ils posèrent sur les œufs de la sittelle, pour l'établissement de leur nid. Les sittelles étaient exaspérées, elles avaient harcelé leurs puissants ennemis pendant toute la journée. Quelques-unes de leurs amies étaient même accourues les aider à faire cette guerre d'épouvantail, mais la nuit vint, laissant victorieux les spoliateurs.

Le lendemain, en arrivant au bois, les ouvriers virent un étourneau entrer dans le trou. L'un d'eux monta lestement dans l'espoir de le surprendre, mais l'étourneau se sauva à temps, toutefois il fut très-effrayé et crut prudent de se tenir à distance respectueuse pendant toute la journée. Alors les sittelles en profitèrent et se mirent à rétrécir l'entrée du trou par une nouvelle maçonnerie. Les étourneaux revinrent plusieurs fois à la charge, mais la sittelle femelle, qui était dans la chambrette, se trouvait protégée contre toute attaque de côté et luttait avec avantage, d'autant plus que la sittelle mâle harcelait et inquiétait surtout par ses cris de détresse et de colère l'étourneau. Ces bruits attiraient les ouvriers de la coupe, et les étourneaux fuyaient. Le soir étant venu, les sittelles purent coucher dans leur forteresse.

C'est pendant la lutte de cette journée que j'ai été appelé et que j'ai pu observer les manœuvres savantes des combattants. Malheureusement, le surlendemain, les ouvriers eurent la curiosité de briser une paroi de la chambrette. Il y avait au fond du trou, sur des feuilles de chêne, trois œufs de sittelle, sur ces œufs de la paille, sur cette paille apportée par les étourneaux, les sittelles avaient posé quelques feuilles, et sur ces feuilles, la femelle avait pondu un œuf.

Sans doute l'étourneau était dans son tort, en voulant user du droit du plus fort contre la sittelle. Celle-ci était en possession du nid, elle l'avait restauré et approprié à ses besoins, et elle jouissait ainsi de son travail; mais, attendu que dans ce centre probablement excellent d'exploration, il n'y avait qu'un logis, que ce logis avait été construit par un pic surtout pour un oiseau de sa taille comme l'étourneau, que sans doute aussi il était urgent pour l'étourneau de trouver place pour ses œufs, — qu'il s'était livré à des voies de fait seulement contre la maçonnerie et non contre les personnes, peut-être cet oiseau trouverait-il avocat pour plaider sa cause, demander des circonstances atténuantes, obtenir pour l'avenir du propriétaire du bois, des nids artificiels, et de l'autorité, un peu de sévérité contre les dénicheurs.

Des lecteurs se sont peut-être demandé pourquoi je n'ai pas parlé de la propreté des nids.

Je n'ai pas cru indispensable, pour le but que je me propose, de dire tout ce que je sais sur la reproduction des oiseaux, mais je puis profiter d'un petit coin du présent chapitre, pour ajouter quelques mots sur la bonne tenue des berceaux dans lesquels sont élevés les oiseaux; c'est surtout, il est vrai, à l'occasion des nids sphériques ou creusés dans la terre et dans le bois, que le lecteur a pu se poser certaines questions.

Aucun animal n'est plus propre que l'oiseau, il aime à s'éplucher, à se laver et à lustrer ses plumes avec une espèce d'huile, qu'il tire de son croupion. Un rapace dissèque sa proie sans se salir. Le corbeau qui vient de manger de la charogne, essuie complétement son bec en le frottant contre terre.

Ces instincts de propreté, poussés quelquefois jusqu'à la coquetterie, devaient naturellement aussi se manifester, quand deux, quatre, six, huit, dix et même dix-huit jeunes sont placés pour ainsi dire dans les mêmes langes.

Dans les nids en forme de coupe, quand les petits éprouvent certain besoin, ils se tournent et se hissent de telle sorte, qu'il reste peu de chose sur les bords. La mère intervient ensuite pour tout nettoyer. Les héronneaux et beaucoup de jeunes rapaces, ont même la propriété de lancer leurs excréments, d'ailleurs très-liquides, à cinquante, soixante, quatre-vingts centimètres et jusqu'à un mètre de distance. Aussi, quand on veut étudier leur nid et qu'on approche de la nichée, il faut se mettre en garde; soit de détresse, soit peut-être pour se défendre, les petits lancent souvent une bordée, qui, pour les yeux du curieux, deviendrait un dangereux collyre.

Dans les nids sphériques ou creusés dans la terre et dans le bois, les père et mère se chargent chaque jour de la vidange; ce travail est si bien fait dans la chambrette du troglodyte, qu'après l'envolée des jeunes, il ne reste aucune trace de leur séjour.

On ne peut en dire autant de l'antre de la huppe, et du couloir du martin-pêcheur. Il y a là souvent de quoi dégoûter et éloigner les dénicheurs, ce qui n'empêche pas toutefois les jeunes de ces oiseaux d'être encore très-propres.

§ 4.

QUELQUES TRAITS DE DÉVOUEMENT.

Il est possible que, dans un catalogue complémentaire, nous mentionnions ce qui se rapporte à chaque nid de nos espèces sédentaires ; nous nous sommes surtout proposé, dans cette première partie de notre étude, de reconnaître et de poser les principes de la nidification, afin d'en tirer les conclusions les plus intéressantes. Pour donner à ces conclusions plus d'autorité, ajoutons encore quelques traits de l'histoire des oiseaux.

Si, en traversant la plaine, vous faites sortir de son nid une perdrix, en partant, elle volera très-mal et se reposera à quelques pas pour attirer votre attention et la détourner de son domicile. Ainsi agit la bécasse dans les mêmes circonstances. Cette dernière emporte même dans son bec un de ses petits qu'un danger menace.

Quand une mère couve très-fort, elle ne peut souvent se décider à abandonner ses œufs, et elle se laisse ou couper sur son nid par la faux du moissonneur, ou prendre à la main par le dénicheur.

On a vu des hirondelles plonger dans les flammes d'un incendie, pour porter secours à leurs petits, et tomber victimes de leur dévouement.

Quand un oiseau est attaqué dans sa demeure, souvent les voisins de son espèce accourent à son cri d'alarme pour lui prêter secours.

On a vu, disent les auteurs, des hirondelles de fenêtre, s'unir à des père et mère dont le domicile avait été envahi par un moineau, et les aider à boucher l'ouverture du nid pour y enfermer le ravisseur.

Un jour qu'un pic-vert avait été enfermé dans son trou par un dénicheur, deux autres pics accoururent et se mirent à pratiquer une ouverture; ils travaillèrent au dehors pendant que la prisonnière travaillait à l'intérieur, et en peu de temps celle-ci put recouvrer la liberté.

A ces faits j'en ajoute quelques autres dont j'ai été témoin.

Le 3 juin 1873, des chasseurs de Saint-Dizier ayant entendu dire que des oiseaux de proie détruisaient leur gibier de bois et de plaine, allèrent, avec autorisation préfectorale, explorer l'enceinte qui leur était indiquée et qui bordait une plaine très-giboyeuse. On trouva un nid d'autour et on tua la mère. Elle était magnifique et pesait onze cent vingt grammes; on l'ouvrit et on vit que l'estomac était rempli de lapin. On continua donc les recherches. Une buse, au sortir du nid, fut également tuée; c'était encore une femelle; son poids était de neuf cent trente grammes.

Le 28 du même mois, à la suite d'une chasse au lapin, on repassa sous les nids et, au grand ébahissement de tous, on tua les deux mâles qui avaient échappé la première fois. Un grimpeur monta sur les arbres et en descendit chaque fois trois jeunes. Le plus gros buson ne dépassait pas cinq cent dix grammes, mais le plus grand des autours allait à six cent quarante-six.

Ces jeunes avaient donc été élevés par leurs pères pendant vingt-cinq jours ! aussi l'autour ne pesait que sept cent soixante-douze grammes et la buse que huit cent dix.

Encore une histoire du même genre.

En 1875, dans le département de la Marne, le propriétaire d'un étang aperçut sur les roseaux un nid de busard-harpaye (*circus æruginosus*) dans lequel étaient trois jeunes; il alla chercher son fusil et abattit la mère. Le père nourrit les trois jeunes jusqu'au jour où ils furent tués et pris tous les quatre, c'est-à-dire pendant quatorze jours.

A l'extrémité du bois dont je viens de parler, j'ai

constaté, en 1874, un fait plus curieux encore. Le 23 mai, on y tua, au sortir du nid, une buse qu'on m'apporta et qui était un mâle. Le 1ᵉʳ juin, après une chasse aux renards, les chasseurs retournèrent au nid ; à deux mètres au dessus ils aperçurent un oiseau qu'ils prirent pour la mère. L'un d'eux lui envoya un coup de fusil et elle tomba, mais en même temps une autre buse partit d'un arbre voisin.

Eh bien! l'oiseau tué était encore un mâle.

Etait-ce un ogre emplumé qui cherchait à tromper la vigilance de la mère pour lui manger ses petits? était-ce au contraire un serviteur à gage, un voisin charitable, un époux qui était devenu le père adoptif des enfants d'un premier lit? Je dois dire en sa faveur, que de l'avis des chasseurs il avait une attitude bienveillante, et que dans son estomac je n'ai trouvé que deux courtilières.

De ce que j'ai dit on peut au moins conclure que dans les espèces monogames, et même chez les rapaces, on trouve des pères aussi dévoués que de fidèles époux.

Quoique le dévouement des mères soit beaucoup plus connu, on comprendra que je mentionne un petit drame qui s'est accompli chez un de mes amis.

C'était le 24 mai 1873, M. de la F. était avec sa famille sur la terrasse du vieux château de Saint-Dizier, tous regardaient attentivement une nichée de bergeronnettes grises qui faisaient leur entrée dans le monde des oiseaux. Elles semblaient prendre plaisir à sautiller sur toutes les tuiles et même sur la chanlatte du grand toit, au milieu des moineaux et des hirondelles. Tout à coup les père et mère paraissent effarés; leurs gesticulations, la tristesse de leurs accents semblent annoncer un malheur ou un grand danger. La famille de la F., ne découvrant ni chat, ni oiseau de proie, n'y comprit rien.

Quelques jours plus tard on remarqua qu'une bergeronnette venait souvent se poser sur le sol du jardin près d'un angle du château. Ce fait se renouvelant de plus en plus attira l'attention des propriétaires et, le 7 juin, la maîtresse de la maison fort intriguée se plaça de manière à bien observer. Elle découvrit alors que cette tendre mère profitait d'un petit trou pour passer son bec et pour donner de la nourriture à un de ses petits, qui se trouvait emprisonné dans une boîte en fonte. On s'expliqua alors la scène du 23 mai, cette imprudente enfant s'était laissé tomber dans un tuyau qui conduit les eaux de la chanlatte dans un réservoir ; heureusement elle avait fait une chute de quinze mètres sans se rien casser. Entre le réservoir et le tuyau il y avait un conduit en fonte, percé au dessus de petits trous, dans lequel elle avait pu vivre, mais c'était là une prison aussi solide qu'humide et peu éclairée et dans laquelle elle serait morte sans le dévouement de sa mère et sans l'intervention empressée de madame de la F.

On alla chercher un serrurier, et la plaque en fonte, qui recouvrait le conduit, fut enlevée. D'un bond l'oisillon fut sur le toit de la remise voisine où triste et inquiète se tenait la pauvre mère. A cette apparition que de transports de bonheur ; la fillette ne pouvait se contenir ; elle sautillait et voletait comme pour s'assurer qu'elle n'était plus en prison, mais bien en plein air et loin des chanlattes. Sans doute que ces folies de la joie étaient des témoignages de reconnaissance à l'adresse de sa mère, de madame de la F., et même du serrurier.

Aussi jamais la mère et la fillette n'avaient éprouvé autant de plaisir à balancer sans cesse leurs jolies queues.

Ces divers exemples montrent que dans les circonstances les plus graves le dévouement des père et mère peut s'élever à la hauteur de l'héroïsme.

Il est juste d'ajouter encore que, depuis la première

jusqu à la' dernière minute de l'élevage, leur sollicitude et leur abnégation sont toujours admirables. J'ai voulu m'en rendre sérieusement compte et pour cette raison surtout j'ai dressé les états suivants :

NOMS		NOMBRE DE VOYAGES PAR HEURE ET								
DES OISEAUX			De 5 à 6 h.	De 6 à 7 h.	De 7 à 8 h.	De 8 à 9 h.	De 9 à 10 h.	De 10 à 11 h.	De 11 à 12 h.	De 12 à 1 h.	De 1 à 2 h.
Moineaux domestiques		De 4 h. 34 m. à 5 h. 19	24	29	26	12	16	25	22	2I	20
Mésanges bleues		De 4 h. 30 m. à 5 h. 15	46	42	22	42	23	35	17	34	30
Gobe-mouches gris	De 3 h. 50 m. à 4 h. 6	25	20	19	28	21	23	13	30	9	8
Hirondelles rustiques		De 4 h. 22 m. à 5 h. 12	4	20	20	21	44	40	32	32	37

PAR FRACTIONS D'HEURE						NOMBRE TOTAL DES VOYAGES	DURÉE D'UNE JOURNÉE de travail	NOMBRE ET AGE DES PETITS	TEMPÉRATURE	QUANTIÈME
De 2 à 3 h.	*De 3 à 4 h.*	*De 4 à 5 h.*	*De 5 à 6 h.*	*De 6 à 7 h.*						
28	17	19	20	14	*De 7 h. à 7 h. 5 m.* 2	314	14 h. 21 m.	5 jeunes âgés de 7 jours	beau temps	13 août 1872
21	37	36	35	19	*De 7 h. à 7 h. 8 m.* 5	459	14 h. 38 m.	10 jeunes âgés de 6 jours	beau temps	5 mai 1872
16	24	19	22	32	*De 7 h. à 8 h.* 12	*De 8 h. à 8 h. 15 m.* 2	329	16 h. 8 m.	3 jeunes âgés de 10 jours	beau temps	21 juin 1872
31	41	20	28	20	25	*De 8 h. à 8 h. 10 m.* 3	430	15 h. 15 m.	4 jeunes âgés de 13 jours	Temps pluvieux jusqu'à 8 heures du matin; brumeux jusqu'à 10 heures; plus beau le reste de la journée	20 juin 1872

J'ai constaté qu'en trois cent douze voyages, les moineaux ont parcouru trente-quatre mille trois cent vingt mètres, que cent cinquante-huit de ces excursions ont été faites par la mère, et cent cinquante-quatre par le père.

En quatre cent cinquante-neuf voyages, les mésanges bleues ont franchi quarante-cinq mille neuf cents mètres, soit pour chacune d'elles vingt-deux mille neuf cent cinquante mètres.

Un voyage de gobe-mouches ne représentait en moyenne qu'un parcours de cinquante-cinq mètres ; à ce compte, les trois cent vingt-neuf excursions n'ont produit que dix-huit mille cent mètres, mais malgré cette infériorité, et à en juger par quelques apparences, le gobe-mouches se donne encore plus de peine que le moineau et la mésange. Dans ses courses aériennes, que le moindre moucheron se montre à son horizon, il l'aperçoit comme nous découvrons une perdrix dans la plaine, il s'élance à sa poursuite et le saisit rapidement quels que soient les zigzags que pour s'esquiver il décrive à toutes les hauteurs et dans toutes les directions. Grâce à la souplesse de ses mouvements, cet oiseau se livre alors aux voltiges les plus incroyables.

Les quatre cent trente voyages des hirondelles m'ont fait faire des calculs plus curieux encore. Sans égaler le gobe-mouches, dans l'art de crocheter l'insecte ailé dans de petits espaces, cet oiseau, grâce à son vol très-puissant et très-soutenu, a pu en capturer des quantités prodigieuses.

On a vu que les deux journées des père et mère représentaient trente heures trente minutes ; or, en notant exactement les minutes et les secondes que ces oiseaux ont passées à donner la becquée et à se reposer, j'ai trouvé que le temps des distributions, à raison d'une minute en moyenne, pour chacune d'elles, avait été de sept heures trente-neuf minutes, et que quatre-vingt-deux minutes avaient été employées à faire dix poses près du nid. J'admets, ce qui est extrêmement probable, que les hirondelles ne se sont pas reposées loin de leurs petits, d'autant plus que chaque voyage avait à peu près la même durée.

En déduisant des trente heures trente minutes, sept heures trente-neuf minutes, plus une heure vingt-deux minutes, c'est-à-dire neuf heures une minute, j'ai donc trouvé que ces oiseaux avaient passé vingt et une heures vingt-neuf minutes à voler. Au lendemain de ces explorations, c'est-à-dire le 21 juin, j'ai voulu calculer la vitesse de l'hirondelle rustique quand elle se livre à la chasse des insectes ailés. La moyenne de quinze observations m'a donné cinquante-six kilomètres pour chaque heure, ce qui fait en chiffres ronds douze cents kilomètres pour les vingt et une heures vingt-neuf minutes, soit pour chaque journée d'hirondelles six cents kilomètres !

Notons encore que l'élevage de ces oiseaux dure dans le nid dix-neuf ou vingt jours, et qu'il se prolonge encore au-delà de la sortie.

Ces chiffres ne sont-ils pas de véritables révélations ? Comment, en pensant aux actes si nombreux, si variés et si constants du dévouement qu'ils caractérisent, ne pas entrevoir toute la beauté et toute la puissance de l'amour maternel des oiseaux. On comprend alors que l'instinct de la nidification s'épanouisse au foyer de cet amour, que l'oiseau y trouve la dextérité d'un habile ouvrier et même le feu sacré de l'artiste. On s'explique que partout et toujours les nids soient en parfait rapport avec les besoins et les goûts de chaque espèce.

Ces stations, sous les nids, m'ont naturellement permis de faire d'autres observations sur la nourriture et sur les mœurs des oiseaux, mais les questions qui se rattachent à cet ordre de choses sont trop importantes pour être traitées incidemment. Comment, cependant, ne pas dire un mot d'une des harmonies de l'élimination qui m'est alors apparue.

Pendant que dans les espaces très-restreints qui se trouvent entre les murs, les arbres et leurs grosses branches, les gobe-mouches s'élançaient à la poursuite des insectes ailés, et qu'ils les happaient au moment où ceux-ci s'efforçaient de disparaître dans les massifs, mon attention était souvent attirée par les hirondelles et les martinets qui sillonnaient les airs à toutes les hauteurs; de temps en temps aussi j'apercevais deux fauvettes à tête noire qui furetaient dans les buissons.

Ainsi, pendant des journées de quinze et de seize heures, autour du jardin où j'étais, à tous les étages de l'espace, depuis le sol jusqu'aux plus hautes régions, d'incalculables travaux d'élimination étaient exécutés, grâce à l'incomparable spécialité de ces ouvriers.

Je me demandais alors par quoi les destructeurs acharnés de ces insectivores ont la prétention de les remplacer !

N'oublions pas que nous étions au 21 juin, qu'à cette époque les insectes pullulent, que beaucoup d'entre eux sont à l'état parfait pour se reproduire, qu'ils volent non-seulement pour des déplacements journaliers, mais encore pour prendre des cantonnements nouveaux, et dont quelques-uns doivent durer des années.

Aussi, au moment où les gobe-mouches et les hirondelles allaient goûter le repos de la nuit, c'est-à-dire à huit heures quinze minutes, les chauves-souris apparaissaient et se mettaient au travail.

Ainsi s'opèrent et se continuent quelques harmonies de l'élimination, au profit surtout de ceux qui s'inspirent du dévouement des oiseaux pour protéger leurs nids.

§ 5.

UN MOT DU COUCOU GRIS.

Tous les livres d'ornithologie constatent que le coucou ne construit pas de nid. Le plus souvent la femelle pond son œuf à terre, sur de la mousse, ou des herbes, elle le prend ensuite dans son bec et va le déposer dans le nid d'un oiseau. Elle en met très-rarement deux dans le même. Elle ne fait qu'une ponte par an, mais cette ponte étant de cinq ou six œufs (1), elle met à contribution cinq ou six nids pendant la saison du printemps.

On a remarqué que, presque toujours, le jeune coucou restait seul dans le nid, et qu'ainsi une nichée d'oiseaux lui était sacrifiée.

Ces faits aussi extraordinaires qu'incontestables, ont mis à l'épreuve la sagacité des observateurs et des savants. Toutes les questions soulevées à ce sujet n'ont pas encore été résolues, mais il en est résulté quelques éclaircissements importants.

Ainsi, d'après Florent Prévault, Degland et Gerbe, le coucou serait polygame.

Il s'ensuit que, par une exception unique, dans l'ordre de nos passereaux, la femelle du coucou est polygame, qu'elle ne construit pas de nid, qu'elle ne couve pas ses œufs et qu'elle n'élève pas ses petits.

Assurément, ce ne sont pas là des titres au respect et à la bienveillance, mais après un plus complet examen, on voit que cette espèce n'est pas moins utile et profitable à l'homme que la plupart des autres.

Le coucou est le plus puissant écheniller de nos forêts. Il a la propriété de rejeter par le bec, sous forme de pelottes, les poils de chenilles dont il se

---

(1) Degland et Gerbe.

nourrit. Il avale en effet celles qui sont velues, aussi bien que celles qui ont la peau lisse, et même celles pour lesquelles les autres oiseaux éprouvent le plus de répugnance. Un coucou, que j'avais à la maison, mangeait des chenilles processionnaires. *La chrysorée, la disparate, la livrée,* ne tardent pas à disparaître des cantons forestiers où cet oiseau s'est établi (1).

Comme la partie aqueuse des chenilles n'est guère nourrissante, et que le coucou est plus gros que la grive-draine et pèse cent vingt-cinq grammes, il en mange considérablement. Aussi j'ai trouvé dans un coucou qu'on a tué le 7 mai 1872, à dix heures du matin, les restes et les têtes de deux cent dix chenilles. D'après le calcul d'Homeyer rapporté par Brehm (2), dans un bois de pins de dix hectares, des coucous ont mangé par jour cent quatre-vingt-douze mille chenilles de l'espèce nommée liparis-monacha, en quinze jours ils en ont dévoré environ deux millions huit cent quatre-vingt mille.

Il faut donc que le coucou puisse opérer facilement de continuels déplacements. Pour cela, il a reçu des ailes qui ont la forme de celles des faucons et dont la surface plane est de quatre cent soixante-dix-neuf centimètres, tandis que la surface plane de celles d'un épervier ordinaire pesant cent quarante-quatre grammes n'es que de quatre cent cinquante-cinq centimètres. Si nous remarquons encore que l'estomac de jeunes coucous ne pourrait s'accommoder de la nourriture ordinaire des vieux, on comprendra déjà que cet oiseau ait été dispensé de couver ses œufs et d'élever ses petits.

Les instincts de cette espèce sont vraiment très-remarquables.

La femelle recherche pour sa ponte les retraites les

---

(1) Millet, inspecteur des forêts, *Constitutionnel*, 29 juin 1869.
(2) *La vie des oiseaux illustrée*, t. II, p. 175.

mieux cachées. Portant son œuf dans son bec, elle le dépose au besoin dans le nid sphérique du troglodyte, dont l'ouverture n'a que trente millimètres sur trente-cinq millimètres.

Elle a soin, ont dit quelques auteurs, de le déposer dans les nids dont les œufs ne sont pas couvés et qui ressemblent le plus au sien et il est à noter que les œufs du coucou ont des couleurs très-variées.

Pour vingt que j'ai trouvés, ces faits se sont vérifiés le plus souvent.

Ce qu'il y a d'incontesté, c'est que cet œuf est plus petit que celui de la grive-draine, quoique cet oiseau soit, ainsi que nous l'avons dit, plus gros que le coucou. Il en résulte que cet œuf peut être déposé au milieu de ceux des petits insectivores sans que cela paraisse beaucoup. Jusqu'alors je n'en ai trouvé que dans les nids de rouge-gorge, de troglodyte, de pipit, de pouillot, de fauvette, de pie-grièche grise et de bruant-proyer.

Le coucou, ne déposant ordinairement qu'un œuf dans chaque nid, le petit auquel il donne naissance y est d'autant plus à son aise, que le plus souvent il finit par être seul, soit que pendant l'incubation la mère du coucou ait pris soin de venir enlever un ou plusieurs œufs du nid, soit que le jeune coucou ait fini lui-même par jeter dehors les œufs ou les jeunes qui le gênaient.

La mère du coucou vient, en effet, de temps en temps surveiller la nourrice qu'elle a choisie pour son petit.

Le mode si exceptionnel de la reproduction de cette espèce est donc de nature à plutôt augmenter qu'à diminuer l'admiration que nous avons pour toutes les œuvres du créateur, car c'est surtout par les difficultés exceptionnelles que se révèle sa puissance.

En fait, la reproduction de cette espèce est aussi assurée que celle de toutes les autres, et nous avons chaque année pour purger nos forêts les plus voraces des insectivores et surtout des échenilleurs, et pour les animer, des chanteurs dont les premières notes si connues de tout le monde et qui se font entendre dans les premier jours d'avril, sont comme l'annonce du printemps, des grands concerts d'oiseaux et le réveil des espérances.

Après l'exposé des faits et des principes qui caractérisent le plus la nidification, il me semble qu'il est temps et facile de conclure.

X.

Conclusions.

§ 1.

CONDUITE DE L'HOMME A L'ÉGARD DES NIDS.

Les bienfaits résultant de la production des oiseaux ne nous sont assurés que si ceux-ci peuvent nicher; il importe donc que nous cherchions par tous les moyens à leur rendre cette tâche facile. A ce sujet voici quelques recommandations.

Planter dans la plaine et dans les jardins potagers des arbustes pour l'établissement des nids d'insectivores, aussi bien que pour servir de perchoir. Laisser, à partir du 25 mars, aux écuries et surtout aux étables à vaches des ouvertures qui permettent aux hirondelles rustiques d'y pénétrer et d'y nicher.

Ne pas toucher aux nids, et même, pour certaines espèces, éviter, en les regardant de trop près, d'attirer l'attention des père et mère.

Rendre ces nids inaccessibles à leurs ennemis. J'entoure d'épines le pied d'un arbre de mon jardin, quand je vois des oiseaux apporter les premières brindilles de la construction. Dans les parcs et les jardins placer des nids artificiels.

Si dans la forêt ils étaient respectés, on en tirerait de grands profits ; en voici un exemple.

Dans les années 1852 à 1857, l'inspecteur général des forêts, M. Diétrich, à Grünheim, en Saxe, rapporte que deux espèces de coléoptères (charançons), *les hylobins abietis,* ont exercé de grands ravages sur les forêts de sapins de son district. On employa dans ce laps de temps une somme de plus de quatre mille francs pour détruire ces insectes, et malgré tous les efforts le mal subsista. Alors on y remédia au moyen des étourneaux. L'inspecteur fit placer cent vingt et un nids artificiels, dans le voisinage des plantations d'épicéas. Le succès fut complet. A la fin de mai on examina les étourneaux à peine ailés, et l'on trouva leur estomac rempli de charançons, dont la trompe avait été soigneusement brisée par le père et la mère (1).

En raison de la spécialité industrielle de chacune de leurs espèces, comme aussi de la puissance de leur locomotion, les oiseaux sont des régulateurs dans les forces de l'élimination, et leur place est marquée partout où apparaît la production.

Pourquoi y aurait-il exception à l'égard des vignes ? En la forçant, ainsi que le sol qui la nourrit, on devait arriver au rachitisme de cette plante Bientôt des éliminateurs du genre du phylloxera sont venus en hâter la décomposition. Ne trouvant pas eux-mêmes d'agents assez nombreux et assez puissants pour modérer leur action, ils se sont multipliés au point d'inspirer des alarmes à d'immenses vignobles.

En plantant dans les vignes des buissons, comme des groseillers, pour faciliter l'établissement des nids

---

(1) *Bulletin de la Société d'acclimatation de Nancy*, t. v, p. 87.

d'insectivores, du genre de la fauvette, en attachant des nids artificiels à de jeunes arbres ou à des poteaux pour appeler des mésanges, on attirerait assurément des oiseaux qui se chargeraient d'une partie de la police des vignes.

J'ai souvent entendu faire des objections au sujet de ces nids, mais je puis y répondre péremptoirement. Si je transportais dans mon jardin un arbre de forêt dans lequel aurait été creusé un nid de pic, j'aurais toutes les chances possibles d'attirer les oiseaux qui nichent dans les creux ; en fixant sur un de mes arbres une branche forée par un pic, j'arriverais au même résultat. Or, les nids naturels des trois espèces de pics, je les ai pris comme modèles pour en creuser de pareils dans des branches que je fixe à mes arbres. Avec le numéro du pic-épeichette, j'ai des oiseaux de petite taille et surtout la mésange. Nous avons vu qu'heureusement le moineau domestique et le moineau-friquet ne les trouveraient pas à leur convenance. Avec les numéros du pic-épeiche et du pic-vert, j'ai attiré des éliminateurs de plus forte taille.

Mes nids sont construits de manière à être aussi solides et aussi confortables que ceux des pics, et à être facilement attachés et même dissimulés.

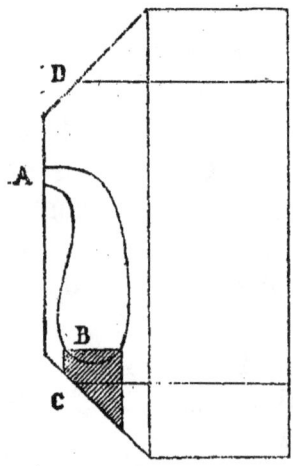

Voici le dessin du modèle que j'ai inventé et que je recommande. Le morceau de bois que j'emploie, a les deux extrémités coupées en biseau, de sorte qu'il apparaît comme une loupe sur une branche d'un arbre avec laquelle il s'identifie, et qu'il offre le moins de prise possible à un grimpeur comme le chat. Pour plus de sûreté, j'entoure le pied de l'arbre d'une ceinture d'épines.

Ce forage se fait au point A pour l'ouverture, et au point B pour la chambrette. Un bouchon en bois est coupé, et creusé dans sa partie supérieure de manière à s'adapter à la forme arrondie et concave du nid, et dans sa partie inférieure il prend l'inclinaison du biseau de mon morceau de bois.

Une pointe à la hauteur de la lettre C fixe le bouchon et un fil de fer qui s'enroule autour de la branche de l'arbre. Un second fil de fer placé au point D et s'enroulant également autour de cette branche, est le complément de mes attaches.

Au moyen d'un revêtement en écorces d'arbre ou en mousse, j'arrive à dissimuler autant que possible ce petit appartement.

Si l'on se reporte à ce que j'ai dit dans le cours de cette étude, et surtout sous le paragraphe précédent, on comprendra que j'aie déjà causé quelques satisfactions à certains oiseaux et à plusieurs de mes amis.

S'il faut venir en aide à l'oiseau pour la construction de son nid, il est nécessaire, à plus forte raison, d'empêcher le dénichage, à moins qu'il ne s'agisse de quelques rares espèces considérées comme nuisibles en ce moment.

Surtout, il faut que l'ornithologie soit enseignée dans les écoles primaires et dans les collèges ; on n'arrivera à protéger efficacement les oiseaux que lorsqu'on aura fait connaître leur rôle important dans les harmonies de la nature.

N'y a-t-il pas de danger à divulguer les secrets de la nidification à une époque où l'on est si porté à ne pas respecter les nids ? C'est une objection qui m'a été faite. Or, ce que j'ai écrit est aussi bien à la portée des gardes qu'à celle des braconniers, et d'ailleurs beaucoup de dénicheurs sont très-instruits en ces matières et ne se cachent pas pour enseigner ce qu'ils savent.

§ 2.

AVANTAGES QUE L'ORNITHOLOGISTE PEUT TROUVER A ÉTUDIER ET A COLLECTIONNER LES NIDS.

Les vérités que nous avons exposées et dont nous avons fait entrevoir les applications aussi nombreuses que pratiques, se recommandent assez d'elles-mêmes pour que l'on soit porté à les étudier et à les connaitre. L'ornithologiste a des raisons plus que tout autre de se livrer à ces études. Il y a bien des questions que je n'ai résolues qu'en procédant ainsi.

L'une d'elles, qui préoccupe d'abord l'ornithologiste, est de déterminer les espèces d'un pays. En effet, il convient surtout de savoir quelles sont les différentes industries pratiquées par les oiseaux, combien parmi eux il y a de corps d'états, combien de journées de travail ils nous donnent dans telle ou telle saison.

Les œufs indiquent la présence d'oiseaux qu'on ne voit pas ou qu'on ne distingue pas, mais certaines variétés d'œufs d'espèces différentes se ressemblent tellement, que plus d'une fois des marchands en ont abusé pour vendre des œufs qui n'étaient pas des espèces par eux indiquées.

Par exemple, je possède certaines variétés d'œufs du rossignol de muraille, du traquet-tarier, du gobe-mouches à collier et de l'accenteur-mouchet, qui se ressemblent au point de ne pas être reconnus par les plus experts ; à la vérité, ils viennent de nids très-différents et pour celui qui les a recueillis ils constatent, dans telle ou telle contrée, la présence de tels ou tels travailleurs.

Dans des circonstances de ce genre, il m'est arrivé de résoudre des questions bien difficiles. L'une d'elles m'a trop intéressé pour que je n'en parle pas.

Le 24 juin 1871, je reçus de Charmont, village situé

dans la Marne, à trente-deux kilomètres de Saint-Dizier, une lettre dans laquelle on me disait que des faucheurs avaient mis à découvert un nid contenant quatre œufs, très-différents de ce qu'on trouvait ordinairement dans la plaine ; on ajoutait qu'on profitait d'une occasion pour me les envoyer et qu'on me priait de les classer.

Je reçus, en effet, les œufs le lendemain. Par la taille et les couleurs, ils ressemblaient beaucoup à ceux du busard saint-martin, et même presque complétement à des variétés que je possède de cet oiseau ; mais ils avaient été pris en plaine, dans un pré, et à ma connaissance, le saint-martin* n'a jamais niché ailleurs que dans le bois et même dans les taillis de deux à six ans. Les explications embrouillées et inexactes de la lettre me déroutaient plus qu'elles ne m'éclairaient. J'étais donc très-embarrassé pour trouver la vérité. Alors j'écrivis de me conserver le nid, et plus tard, en le voyant, je découvris que cette ponte venait du busard montagu.

Jamais, dans ces pays que je connais très-bien, je n'avais remarqué cet oiseau au moment des pontes, mais on n'avait naturellement pas chassé pendant l'invasion de 1870 ; le gibier de poil et de plume s'était multiplié, et leurs éliminateurs s'étaient de suite montrés en plus grand nombre. En 1871 et 1872, on ne faisait pas un pas dans la plaine surtout sans rencontrer des oiseaux de proie.

J'ai su, depuis, que le 27 juin 1871, on avait également trouvé une autre ponte de montagu, à quatre kilomètres de la première.

Très-exceptionnellement donc, et à raison de la quantité anormale du gibier, ces deux familles de busards étaient venues s'établir dans les prairies de Charmont.

Au contraire, voici des œufs qui ont les mêmes proportions et des couleurs très-différentes. J'en ai de cinq nuances fort distinctes, mais ils viennent de nids en tout semblables et qui indiquent qu'il n'y a là qu'une espèce d'individus, portant le nom de pipit des arbres.

La connaissance du nid de cet oiseau est d'autant plus nécessaire qu'une variété de ses œufs ressemble à ceux du pipit des prés, et que ces deux oiseaux eux-mêmes ne présentent de différences caractéristiques que dans la courbure de l'ongle du pouce; chez le pipit des arbres, qui perche, elle est très-arquée ; chez le pipit des près, qui marche, elle l'est moins.

Les nids et leurs œufs ont aidé à déterminer des espèces d'oiseaux qui pendant longtemps avaient été confondues ; cela peut se présenter encore.

En 1871, j'ai montré à M. Gerbe quelques variétés d'œufs si extraordinaires, que lui-même eut besoin de mon humble secours pour les classer. Tous les savants réunis eussent d'ailleurs été aussi embarrassés.

Par exemple, j'étalai sous ses yeux, cinq œufs de chouette-hulotte qui avaient les couleurs jaunâtres d'un œuf de buse : jusqu'alors on n'en a vu que des blancs.

Je n'étais certain qu'ils étaient de hulotte, que parce que j'avais très-bien distingué dans le nid et à côté les père et mère. A ce sujet le savant M. Gerbe me disait, avec beaucoup de raison, que dans certains cas ce genre de justification était nécessaire.

On le voit, l'étude des nids peut rendre plus facile la recherche de la vérité et par conséquent laisser aux savants des heures qui valent pour eux et pour nous beaucoup plus que de l'argent.

Inutile d'ajouter encore que cette étude aide singulièrement à connaitre les mœurs des oiseaux et à déterminer leurs espèces et leurs genres. Il est même des oiseaux qui ne se laissent étudier qu'autour de leurs nids, tels sont, par exemple, l'aigle Jean-le-blanc et le milan royal.

§ 3.

UNE LEÇON DE MORALE RELIGIEUSE.

Nous trouvons dans l'étude du nid non-seulement des enseignements d'économie agricole, une voie de plus pour découvrir les principes de l'ornithologie, mais encore une leçon de morale religieuse.

C'est en fabriquant le nid que l'oiseau fait la plus grande dépense d'intelligence, de sentiment, de prévoyance, de toutes les forces dont il dispose.

Et cependant, là comme en tout, il est borné à la façon d'une machine.

Or, une machine vivante, si utile, mue par des forces si merveilleuses, si variées, selon les espèces, ornée de la beauté et des grâces qui à un si haut degré captivent les regards et l'esprit, ne pouvait être créée par l'homme, ni par aucune autre puissance secondaire. Elle ne pouvait être l'œuvre que du souverain créateur des planètes et de l'âme humaine.

Cette intelligente machine se renouvelle et fonctionne pour notre plus grand bien depuis la création du monde, elle ne finira qu'avec lui.

Elle seule suffirait donc pour rendre manifestes les attributs de Dieu, et en particulier son infinie bonté, elle nous porte à l'admiration, à l'adoration et à l'espérance.

En ces jours si sombres et si orageux que traverse la France, n'avons-nous pas quelques raisons de plus pour méditer sur ces vérités fondamentales que les oiseaux ont, comme les grandes créations de l'univers, mission d'enseigner, et en leur mystérieux langage ne nous répètent-ils pas sans cesse le *sursum corda* de l'Eglise.

§ 4.

RÉCIT DE MADAME DE TRACY.

Intervention de la famille. — Dénichage. — Société protectrice des animaux.

Sous l'influence de ces idées, je suis heureux de pouvoir reproduire une très-remarquable description d'un nid de mésange à longue queue ; car, je l'espère, ce récit si poétique, dû à l'élégante plume de Madame de Tracy, touchera le lecteur que je n'aurais pu convaincre.

« Ce matin, en faisant une promenade sur les bords
« de l'étang, j'ai joui d'un spectacle qui m'a confondue
« d'admiration et que je vais tâcher de raconter :
« Je m'étais appuyée contre un saule pour me re-
« poser un instant, lorsque tout à coup un charmant
« petit oiseau sembla jaillir de l'écorce même de
« l'arbre ; je voulus me rendre compte de ce 'phé-
« nomène, et voici ce que je vis en y regardant de
« très-près. A environ quatre pieds de terre, j'aperçus
« collé contre le tronc du saule une sorte de gros
« cocon à base élargie, et affectant la forme d'une
« petite bouteille, ou plutôt d'une pomme de pin. Les
« parois extérieures de ce cocon étaient entièrement
« garnies d'un lichen argenté et moussu, recueilli
« sur l'arbre même et ajusté avec un art si mer-
« veilleux qu'on aurait pu passer vingt fois de-
« vant l'arbre sans croire à autre chose qu'à une
« rugosité de l'écorce. Je m'approchai avec pré-
« caution, et par une petite ouverture ménagée
« dans l'édifice, à environ un pouce du sommet,
« j'aperçus, ô merveille ! ô prodige ! ô spectacle
« incomparable ! j'aperçus vingt petites têtes et
« vingt petits corps rangés avec la plus parfaite sy-

« métric dans ce petit réduit, qui n'était guère plus
« grand que le creux de la main. C'était un nid de
« mésange que j'avais sous les yeux, un nid de cette
« mésange si jolie, si gracieuse, qui est, je crois, la
« plus petite de son espèce et qui certainement n'est
« pas plus grosse qu'un roitelet. Quand on songe à
« toute la peine que ce pauvre petit oiseau a dû
« prendre pour construire un pareil édifice sans autre
« instrument que son bec et ses deux petites pattes,
« quand on pense à l'activité incessante qu'il est
« obligé de déployer pour nourrir une si nombreuse
« famille, on est partagé entre l'admiration et l'atten-
« drissement.

« Et dire qu'il y a des gens assez stupides pour oser
« porter la main sur un pareil chef-d'œuvre, assez
« cruels pour jeter la désolation dans une si char-
« mante famille ? Je m'empressai de m'éloigner, et,
« m'arrêtant à quelque distance, j'eus l'indicible
« bonheur de voir la mère regagner courageusement
« son nid et distribuer à sa jeune famille deux belles
« chenilles vertes ».

Du récit de Madame de Tracy, on peut tirer plus
d'une leçon ; on voit, par exemple, que le cœur chrétien
d'une mère a des aptitudes toutes particulières pour
découvrir certaines vérités et pour les faire aimer.
Pour parler à un enfant, quelle voix pourrait être plus
autorisée que celle de la mère, et pourquoi celle-ci ne
lui dirait-elle pas en s'inspirant de Madame de Tracy :
Mon enfant, ces oiseaux que tu vois sans cesse voler
dans les airs sont créés par Dieu, surtout pour être
de puissants auxiliaires des hommes ; selon la vo-
lonté du Créateur, ils deviennent pour eux des serviteurs infatigables, ils accomplissent des travaux parfois si difficiles, qu'à prix d'argent on ne pourrait les
entreprendre. Si le pain, le vin, l'huile, le bois et beaucoup d'autres productions de la terre sont à bon marché, n'oublie jamais que nous leur sommes redevables

d'une partie de ces bienfaits, et puis sur cette terre que l'on a appelée une vallée de larmes, tu auras souvent besoin d'encouragements, alors les oiseaux qui sont si beaux, si gracieux et si bons musiciens, seront là pour te distraire, toucher ton cœur, relever tes espérances. Eh bien ! ces nids sont les berceaux de leurs chers enfants. Les toucher, les détruire, serait donc une faute très-grave, ce serait manquer à Dieu, aux hommes, à toi-même ; repousser avec dédain un bienfait du Créateur, priver tes semblables des ressources dont ils ont besoin, et de ta part un acte de sottise et de cruauté. Aie donc toujours présent à l'esprit ce petit commandement ! Respecte, aime et protége les nids ; si tu les cherches, que ce soit pour les admirer, les aimer et en devenir le vigilant gardien ; de la sorte, tu feras le bien et tu goûteras de douces joies du cœur.

Pourquoi le père de famille dédaignerait-il de prendre part à la propagation de ces vérités ? Nous l'avons dit, elles peuvent être utiles sous beaucoup de rapports, ne convient-il pas surtout que le père ne souffre dans sa maison rien qui puisse altérer le sentiment du respect.

En tolérant le dénichage, on autorise l'esprit d'insubordination et des habitudes qui amoindrissent l'âme.

Voyez dans la plaine ces quatre petits dénicheurs, c'est un jeudi, on ne va pas à l'école, et ces gamins en profitent pour battre les haies et les buissons. Trouvé, s'écrie l'un d'eux, et triomphalement il détache d'une branche un nid de fauvette qui contient cinq œufs. Comme il l'a trouvé, il en prend deux, il en reste un pour chacun de ses camarades ; on va les avaler, seulement, en les cassant, on voit qu'ils sont très-couvés et on les jette. La pauvre mère est là qui se lamente ; mais, a dit Lafontaine, l'enfance est sans pitié.

La bande reprend ses explorations et se met à fureter dans les broussailles. Planquet agite sa casquette ; à ce mystérieux signal, tous arrivent dans le plus grand silence, car on comprend qu'il s'agit d'une affaire importante. Une fauvette à tête noire est sur son nid. Alors Chaudon, le plus habile des quatre, retrousse les manches de sa blouse, se glisse comme un serpent, et,... c'est bientôt fait, la pauvre mère se débat sous sa main. Est-il adroit ce Chaudon ! chacun d'eux brûle de l'imiter. Animal, dit le ravisseur, il me donne des coups de bec ; alors on l'agace, on le tourmente, et après s'être amusé de ses tortures, on l'achève en lui tordant le cou.

Dans le nid, il venait de naître cinq petits ! Toute l'après-midi se passe ainsi : le soir, on rapporte pour la potée quelques oisillons, pas seulement en tout cent grammes de viande. Le lendemain à l'école, ou en y allant, on raconte ces prouesses.

On le voit, d'imprudents parents laissent ainsi germer dans le cœur de leurs enfants, des sentiments qui émoussent ou étoufferont leurs aspirations chrétiennes.

Et cet autre gamin qui sort de la forêt, à son regard fauve, à sa chevelure ébouriffée, à son air débraillé, à l'aspect de son pantalon et de sa chemise tout déchirés, vous pouvez être certain que pour les nids il est impitoyable. Hier, il a été à leur recherche avec deux de ses pareils ; il a, avec eux, trouvé, pris et partagé quelques jeunes ; mais dans deux nids, l'un de merle, l'autre de grive, il y avait huit petits, à peine âgés de quelques jours ; on est convenu qu'on les prendra dans la huitaine ; pour les avoir tous aujourd'hui et, dès la pointe du jour, il a été les dénicher ; ils sont à moitié étranglés dans ses poches, on ne peut distinguer les merles des grives, parce qu'ils n'ont pas encore de plumes.

Ce malheureux vagabond, livré dès le bas-âge aux instinct de la sauvagerie, nous le reverrons plus tard sur les bancs de la police correctionnelle ou de la cour d'assises, s'il ne se trouve personne pour lui tendre une main charitable, lui donner une culture chrétienne et, avec elle, l'intelligence du vrai et du bien.

Nous voici à l'Ascension. Les dénicheurs savent qu'à cette époque, il y a beaucoup de nids, des jeunes grands comme père et mère, et pendant que les cloches sonnent, et que les populations accourent dans les églises, pour y chercher la lumière, la force et les plus grandes effusions du cœur, ils parcourent les forêts. En voici trois, ils sont échelonnés de cinquante mètres en cinquante mètres, et ils marchent parallèlement comme pour une battue, aucun nid ne leur échappe; ils sont tous visités sans exception, les petits sont pris et partagés, quelquefois un chien les accompagne et les aide; il jappe et avertit si un garde approche; il cherche à terre, et lui aussi il trouve des nids; il est surveillé par les dénicheurs, parce que s'il le peut, il avale les petits avant que l'on soit arrivé. Les trous de pic sont élargis jusqu'à ce que le bras puisse passer; comme ce travail fait perdre du temps et qu'il ne s'accomplit pas sans bruit, le dénicheur emporte un fil de fer d'un mètre de longueur, très pointu, à l'une de ses extrémités, ce fil non recuit, s'enroule comme un cor de chasse et est facilement caché sous la blouse. Le dénicheur l'introduit dans le trou du pic, de l'étourneau, et embroche les petits, les retire et les fourre ainsi mutilés dans sa poche.

Quand il sent qu'ils remuent encore trop, il les achève en les étouffant. Tout cela se fait naturellement avec joie et en riant, comme si on accomplissait un devoir.

Ce sont là cependant des habitudes coupables et qui entraînent avec elles de graves conséquences. Le dénicheur devient très-facilement un braconnier, il a perdu ou il perdra le discernement de la vérité, le respect de la loi, et il est fort à craindre que pour ses semblables et même pour sa famille, il ne devienne dur, méchant, acariâtre, impitoyable ; de là au crime il n'y a qu'un pas.

Tout ce que je viens de raconter est historique, et j'aurais pu encore mentionner d'autres méfaits qui n'ont pas moins de gravité.

Fort heureusement le dénichage ne se pratique pas ordinairement avec des circonstances aussi aggravantes. Cependant, même avec des atténuations, c'est toujours un acte que la conscience et l'opinion publique doivent réprouver aussi bien que la loi.

Il ne faut pas oublier surtout, que les dénicheurs de profession sont ceux qui opèrent dans les forêts, et que le dénichage dans les forêts a pour conséquence de réduire le nombre des oiseaux de nos jardins, de ces aimables conservateurs de nos potagers et de nos fruitiers.

C'est pour ces raisons que, selon moi et beaucoup d'autres, il importe que les chefs de famille viennent au secours de l'autorité ; secondé par la famille, l'enseignement des écoles primaires et des collèges aura de l'efficacité. Alors et à bon droit l'Etat intimera à tous ses gardes de faire rigoureusement leur devoir ; alors aussi il sera permis d'espérer en faveur des nids un mouvement de l'opinion, un progrès dans les mœurs, et à tous les étages de la société de nombreux et de zélés protecteurs.

Sous l'impulsion de la Société protectrice des animaux de Paris, des instituteurs d'un certain nombre de villages et leurs écoliers ont pris à cœur de protéger les oiseaux et surtout les nids. Facilement agréés comme membres titulaires, ils en reçoivent le bulletin mensuel, qui les renseigne parfaitement sur ce qu'ils ont à faire.

Depuis l'année 1862, où, pour la première fois, cette Société décerna une médaille à un instituteur qui avait ajouté à son programme scolaire l'enseignement des idées protectrices, cinq cent seize instituteurs ont été l'objet de ses distinctions. Vingt-huit ont reçu la médaille de vermeil, cent soixante-sept la médaille d'argent, deux cent quarante-huit la médaille de bronze, et cent quatre-vingt-quatre la mention honorable.

Des médailles et des mentions honorables ont été également accordées aux élèves des écoles primaires.

De pareils actes ne peuvent être trop loués ; car ils sont également honorables pour ceux qui récompensent et pour ceux qui sont récompensés.

§ 5.

LÉGISLATION.

Dans la loi des 3 et 4 mai 1844, sur la police de la chasse, nous trouvons les dispositions suivantes :

Art. 4. Il est interdit de prendre ou de détruire sur le terrain d'autrui, des œufs ou des couvées de faisans, de perdrix et de cailles.

Art. 9. Les préfets pourront prendre des arrêtés pour prévenir la destruction des oiseaux.

En vertu de ce dernier article, les préfets ont généralement défendu de dénicher les oiseaux et leurs œufs. Et, en cela, ils ont agi sagement, car le dénichage est le plus répréhensible de tous les actes de chasse.

Ils n'ont admis d'exception que relativement aux espèces déclarées nuisibles par leurs arrêtés.

En cet état de choses, on ne peut donc, à aucune époque, même sur sa propriété close, détruire les pontes et les jeunes qui se trouvent dans les nids, quand les oiseaux de ces nids appartiennent aux espèces non déclarées nuisibles, et le droit accordé en ce qui concerne les oiseaux nuisibles ne peut être exercé que sur le terrain dont on a la propriété.

A défaut de droit, pourrait-on néanmoins obtenir un peu de tolérance, soit pour faciliter des recherches vraiment scientifiques, soit pour avoir des oiseaux de cage? Dans une certaine mesure, cela serait à désirer.

Une nation voisine de la France permet de prendre quelques jeunes oiseaux au nid, moyennant indemnité, qui est versée à son trésor.

Notre législation serait facilement améliorée. Il faut espérer aussi que bientôt des mesures internationales seront prises pour la protection des oiseaux utiles et que la surveillance des gardes et la sévérité des tribunaux augmenteront.

Cependant, la répression ne sera efficace que si dans les écoles primaires et les collèges on donne des notions d'ornithologie.

L'Etat, lui-même, serait impuissant s'il n'était secondé par les autorités des départements et des communes et surtout par les familles.

Enfin, il ne faut pas oublier surtout, que par la démonstration et par l'exemple, chacun peut facilement prendre part à cette bonne œuvre.

Etymologies.

En finissant cette étude, le lecteur se demandera peut-être, comme moi, quelle est l'étymologie du mot nid?

Dès les premiers temps les hommes ont dû, pour rendre possibles et faciles leurs rapports, donner à tout ce qu'ils voyaient et croyaient comprendre des noms caractéristiques ; cette préoccupation, qui se retrouve dans les étymologies de toutes les langues, est particulièrement remarquable en ce qui concerne le nid.

Si nous ouvrons un dictionnaire français, nous y voyons la définition suivante :

« *Nid,* petit logement que se font les oiseaux pour « y pondre, y faire éclore leurs petits et les élever ».

Si ensuite nous faisons une excursion dans les langues étrangères et anciennes, nous trouvons beaucoup de mots qui ont avec le nôtre la plus grande affinité.

En vallon............ ni.
En provençal........ niu, nieu, nis, ni.
En espagnol......... nido.
En portugais........ ninho.
En italien........... nido, nidio.
En latin............. nidus.
En allemand......... nest.
En anglais........... nest.

Maintenant, quelle est l'origine de ces mots? Ne trouvant pas satisfaisantes les étymologies déjà connues, je me suis adressé à un savant de mes amis, qui m'a répondu : « *Nid* et *nidus* semblent venir du « sanscrit *nida* de *nad,* affaisser, asseoir, se balancer, « mouvoir, aller.

« *Nad* serait lui-même un abrégé de *nisada,* ferme, « solide, ou de *nisadia,* petit lit.

« Enfin, tous ces mots dériveraient de *sad, sid,* racine « qui exprime l'idée de s'asseoir, couver.

« Notre mot français se traduit :

« En grec, par : 1° *neossia* de *néossos,* petit des oi- « seaux, de *neos,* jeune, ou peut-être de *vaiô,* habiter, « *naos,* habitation ; — 2° *kalia,* c'est-à-dire habitation « de bois sec, de *kalon,* bois ;

« En hébreu, par : *ken* de *kanan,* créer, fabriquer, « arranger, ou de *kâna,* élever, fonder, créer ».

On le voit, deux idées principales ont à bon droit été considérées et choisies par les peuples les plus connus pour caractériser le nid.

La première indique pour la mère le fait d'être couchée sur ses œufs et ses petits, de manière à leur assurer la vie ; la seconde, l'action de créer, d'édifier.

De plus, ces idées ont été exprimées par des signes et des sons qui s'harmonisent bien avec elles.

Le choix, le nombre et l'assemblage des signes, sont d'une simplicité qui plaît ; les émissions de sons ont, pour exprimer la première, de la douceur et de la grâce, et en plus, pour caractériser la seconde, une note plus accentuée, celle de la force de la création.

Ne semble-t-il pas que, de tout temps, on ait voulu, rien qu'en prononçant le nom de nid, le rendre aimable et le faire aimer ?

APPENDICE

ÉTUDE SUR LES OISEAUX DE LA VALLÉE DE LA MARNE
(Section de Chaumont à Châlons)

Groupes *composés par M. F. Lescuyer pour servir de complément à son ouvrage sur l'architecture des nids et reproduits par M. J. Jacob, photographe à Chaumont et à Saint-Dizier.*

LÉGENDES DES PHOTOGRAPHIES

PREMIER ORDRE D'ARCHITECTURE
Nids en forme de coupe

NIDS EN BAGUETTES

Première étagère (septième de la grandeur naturelle)

A la base, nid de buse (*buteo vulgaris*), 3 œufs de cet oiseau.
Sur les tablettes, *au centre*, une buse vulgaire, — *à gauche*, buse vulgaire, variété noire, — *à droite*, buse vulgaire, variété blanche.

Deuxième étagère (septième de la grandeur naturelle)

A la base, un corbeau-corneille (*corvus corone*), son nid, ses œufs.
Sur les premières tablettes, *à gauche*, un bouvreuil vulgaire (*pyrrhula europea*), son nid, ses œufs, — *à droite*, gros-bec ordinaire (*coccothraustes vulgaris*), son nid, ses œufs.
Sur la deuxième tablette, *à gauche*, un geai ordinaire (*garrulus glaudarius*), son nid, ses œufs, — *au centre*, une tourterelle (*columba turtur*), son nid, ses œufs, — *à droite*, un grand ramier (*columba palumbus*), son nid, ses œufs.

Troisième étagère (septième de la grandeur naturelle)

A la base, un héron gris (*ardea cinerea*), son nid, ses œufs, — une couleuvre.

NIDS EN HERBES

QUATRIÈME ÉTAGÈRE (sixième de la grandeur naturelle)

A LA BASE, *premier plan*, pie-grièche rousse (*lanius rufus*), un nid, un œuf, — alouette des champs (*alauda arvensis*), un nid, un œuf, — bruant jaune (*curberiza citrinella*), un nid, un œuf, — pie-grièche écorcheur (*lanius collurio*), un nid, un œuf.

Deuxième plan, pipit des arbres (*anthus arboreus*), un nid, un œuf, — fauvette babillarde (*sylvia curruca*), un nid, un œuf ; — fauvette à tête noire (*sylvia atricapilla*), un nid, un œuf.

PREMIÈRE TABLETTE, *premier plan*, loriot mâle (*oriolus galbula*), un nid, quatre œufs ; — hyppolais-polyglotte (*hyppolaïs polyglotta*) un nid, un œuf ; — oiseau-mouche, un nid ; — loriot mâle, un nid, un œuf.

Deuxième plan, phragmite des joncs, un nid, un œuf ; — une autre phragmite ; — phragmite aquatique (*calamadyta aquatica*), un nid, un œuf.

DEUXIÈME TABLETTE, *au centre du premier plan*, deux rousserolles-turdoides (*calamoherpe arundinacea*), un nid, deux œufs.

Aux extrémités du premier plan et sur le deuxième plan, deux rousserolles-effarvattes (*calamoherpe arundinacea*), cinq nids de cet oiseau sur des branches diversement inclinées.

NIDS EN MOUSSE

CINQUIÈME ÉTAGÈRE (sixième de la grandeur naturelle)

A LA BASE, merle noir (*turdus merula*), un nid ; — grive-draine (*turdus visciverus*), un nid, un œuf ; — grive chanteuse (*turdus musicus*), un nid, un œuf.

PREMIÈRE TABLETTE, moitié d'un nid de merle noir, un œuf ; — nid de merle contenant un nid de mésange-nonnette (*parus palustris*) et un œuf de ce dernier oiseau ; — moitié d'un nid de grive chanteuse, un œuf.

DEUXIÈME TABLETTE, accenteur-mouchet (*accentor modularis*), un nid, un œuf ; — pinson ordinaire (*fringilla cœlebs*), un nid, un œuf ; — chardonneret élégant (*carduelis elegans*), un nid, un œuf ; — verdier ordinaire (*chlorospira chloris*), un nid, un œuf.

NIDS EN TERRE

SIXIÈME ÉTAGÈRE (septième de la grandeur naturelle)

DEUXIÈME TABLETTE, *à gauche*, hirondelle rustique (*hirundo rustica*), deux œufs, au dessus, l'oiseau ; — nid d'hirondelle de fenêtre (*hirundo urbica*), deux œufs, au dessus, l'oiseau.

NIDS EN FEUILLES

SIXIÈME ÉTAGÈRE (septième de la grandeur naturelle)

Première tablette, *à gauche*, bécasse grise (*scolopax grisea*), un nid, quatre œufs ; — *au milieu*, nid de la lusciniole fluviatile (*lusciniola fluviatilis*), — *à droite*, rossignol (*erithacus luscinia*), un œuf, un nid dans lequel cet oiseau a niché pendant deux ans.

NIDS EN ROSEAUX

SIXIÈME ÉTAGÈRE (septième de la grandeur naturelle)

A la base, *premier plan*, sterne-épouvantail (*sterna fissipes*), son nid, trois œufs.

Deuxième plan, à gauche, nid et œufs du héron-blongios (*ardea minuta*), — *en avant*, un blongios mâle ; — *en arrière*, un blongios femelle ; — *à droite*, merelle, son nid, neuf œufs.

DEUXIÈME ORDRE D'ARCHITECTURE
Nids de forme sphérique

NIDS EN HERBES

SEPTIÈME ÉTAGÈRE (septième de la grandeur naturelle)

A gauche, tronc d'arbre aux lierres duquel sont attachés deux nids de troglodyte (*troglodytes europœus*) composés de mousse ; — nid du même genre posé sur le sommet de ce tronc d'arbre.

A droite, tronc d'arbre dans la mousse duquel sont incrustés deux nids fabriqués par le même oiseau et composés de mousse et de feuilles ; — nid du même genre posé sur le sommet de ce tronc d'arbre.

A la base, *à gauche*, pouillot-fitis (*phyllopneuste trochilus*), son nid, un œuf ; — *au milieu*, un nid de mésange à longue queue (*parus caudatus*) reposant par la base sur le sol et dont la partie supérieure est accrochée à une branche par une attache en mousse ; — *à droite*, pouillot-sylvicole (*phyllopneuste sylvicola*), son nid, son œuf.

Première tablette, *à gauche*, nid d'hirondelle rustique complété et approprié par un troglodyte ; — *au milieu*, nid de fauvette à tête noire, complété et approprié par une mésange à longue queue ; — *à droite*, nid sphérique de grimpereau familier (*certhia familiaris*), l'oiseau, et son œuf.

Deuxième tablette, *à gauche*, nid de mésange à longue queue, oiseau, œuf ; — *au milieu*, roitelet-triple-bandeau (*regulus ignicapillus*), son nid, son œuf ; — *à droite*, nid de mésange à longue queue.

A la partie supérieure, nid sphérique de moineau domestique (*passer domesticus*), l'oiseau, l'œuf.

NIDS EN BAGUETTES DE BOIS

huitième étagère (huitième de la grandeur naturelle)
Nid de pie ordinaire (*pica caudata*), l'oiseau, l'œuf.

TROISIÈME ORDRE D'ARCHITECTURE
Nids creusés dans le bois et dans la terre

NIDS CREUSÉS DANS LE BOIS

neuvième étagère (huitième de la grandeur naturelle)
A la base, *premier plan*, colombe-colombin (*columba œnas*), un œuf ; — pic-épeichette (*picus minor*), femelle, un œuf ; — pic-mar (*picus medius*), un œuf ; — pic-vert (*picus viridis*), un œuf ; — pic-noir (*picus martius*) ; — pic-cendré (*picus canus*), un œuf ; — pic-épeiche (*picus major*), un œuf ; — pic-épeichette mâle, un œuf.

Deuxième plan, chouette-hulotte (*strix aluco*), un œuf.

Deuxième plan, entrée d'une loge de colombe-colombin, — intérieur et entrée de la chambre d'un pic-vert ; — entrée d'une loge de chouette-hulotte.

Première tablette, *premier plan*, sittelle-torche-pot (*sitta europœa*), un œuf ; — rossignol de muraille (*erithacus phœnicurus*), un œuf ; — huppe vulgaire femelle (*hupupa epops*), un œuf ; — étourneau mâle vulgaire (*sturnus vulgaris*), — chouette-chevèche (*strix psilodactyla*), un œuf ; — étourneau mâle, un œuf ; — huppe mâle ; — torcol verticille (*yunx torquilla*), un œuf ; — moineau domestique.

Deuxième plan, ouverture d'une chambrette de mésange-charbonnière (*parus major*), — ouverture d'une chambrette de pic-épeiche ; — ouverture et partie de l'intérieur d'une chambrette d'un pic-épeichette, — ouverture d'une chambre de pic-épeiche, rétrécie et maçonnée par une sittelle-torche-pot, — ouverture d'une chambrette de mésange-charbonnière.

Sur les nids du deuxième plan, grimpereau, un œuf ; — mésange-nonnette, un œuf ; — mésange-charbonnière, un œuf, — mésange bleue (*parus cœruleus*), un œuf ; — mésange noire (*parus ater*,) un œuf ; — moineau friquet (*passer montanus*).

FIN.

TABLE DES MATIÈRES

	Pages.
Avis de l'éditeur...	5
Société centrale d'agriculture de France...................	6
Lettre de M. Godron, doyen honoraire de la faculté des sciences de Nancy..	7
Lettre de Mgr l'évêque de Châlons........................	9
Lettre de Mgr l'évêque de Langres........................	10
Introduction..	13

I.
De l'œuf et du nid. — De leur raison d'être............... 17

II.
Etablissement du nid au centre des éliminations à réaliser, sur la terre, sur l'eau, sur les plantes, sur les arbres, et sur les constructions qui s'élèvent au-dessus du sol et qui y forment des superpositions d'étages nombreux et variés... 21

III.
En général, c'est l'oiseau qui construit son propre nid. — Exceptions... 26

IV.
Confirmation par des exemples du principe de nidification.... 29

V.
Epoques de la nidification. — Raison de l'avance et du retard.. 33

VI.
Avantages que le nid doit offrir à l'oiseau. — § 1. *Des abords du nid*... 45

§ 2. *Solidité du nid.* — Attaches — résistance et épaisseur des parois et du fond — procédés employés par les oiseaux pour unir les principaux matériaux — revêtements intérieur et extérieur — la verticale de l'axe — cube intérieur et forme du nid... 48

§ 3. *Température du nid.* — Le froid peut causer la mort des oiseaux. — Moyens qu'ils emploient pour rendre leurs nids suffisamment chauds et secs........................... 58

VII.

Matériaux et fabrication du nid. — Variétés de ce travail. — Sa durée 66

VIII.

Beauté du nid 76

IX.

Genres et types 82
§ 1. *Nids en forme de coupe.* — 1° Nids en baguettes : Héron gris, jean-le-blanc, aigle botté, milan royal, buse, corbeau, gros-bec, tourterelle 82
2° Nids en herbes : Pie-grièche écorcheur, fauvette à tête noire 91
3° Nids en terre : Hirondelle rustique et hirondelle de fenêtre 94
4° Nids en mousse : Merle et grive, pinson et chardonneret. 99
5° Nids en feuilles : Bécasse, lusciniole 105
6° Nids en herbes aquatiques et en joncs : Rousserolle-turdoide et rousserolle-effarvatte, morelle et poule d'eau, canard, sterne-épouvantail, sterne-moustac et sterne-leucoptère 109
§ 2. *Nids recouverts et de forme sphérique.* — Pie, mésange à longue queue 126
§ 3. *Nids creusés dans la terre et le bois.* — Martin-pêcheur, hirondelle de rivage, pic, sittelle, torche-pot 134
§ 4. *Quelques traits de dévouement* 145
§ 5. *Un mot du coucou gris* 155

X.

Conclusions. — § 1. *Conduite de l'homme à l'égard des nids* 158
§ 2. *Avantages que l'ornithologiste peut trouver à étudier et à collectionner les nids* 162
§ 3. *Une leçon de morale religieuse* 165
§ 4. *Récit de madame de Tracy.* — Intervention de la famille. — Dénichage. — Société protectrice des animaux.. 166
§ 5. *Législation* 172
Etymologies 173
Appendice 177

CPSIA information can be obtained
at www.ICGtesting.com
Printed in the USA
BVHW040914050219
539516BV00009B/302/P